수학편지

Les mathématiques expliquées à mes filles
by Denis GUEDJ

수학 편지

초　판 1쇄 발행일 2009년 6월 18일
개정판 2쇄 발행일 2019년 4월 25일

지은이 드니 게즈　옮긴이 한선혜
일러스트 조윤영　감수 이운영
펴낸이 김지영　펴낸곳 지브레인Gbrain
마케팅 조명구　제작 김동영

출판등록 2001년 7월 3일 제2005-000022호
주소 04021 서울시 마포구 월드컵로 7길 88 2층
전화 (02)2648-7224　팩스 (02)2654-7696

ISBN 978-89-5979-388-4 (64410)
978-89-5979-389-1 (SET)

• 책값은 뒷표지에 있습니다.
• 잘못된 책은 교환해 드립니다.

수학 천재 아빠가 수학을 싫어하는 딸에게 들려주는
수학 편지
드니 게즈 지음 한선혜 옮김
이운영 감수
수학 요리의 달인
드니 게즈 아빠표
쫄깃쫄깃 맛있는 수학

Gbrain
지브레인

추천사

어린 아이들은 수학을 매우 재미있어 합니다. 그래서 눈에 보이는 사물을 보며 끊임없이 수세기를 하지요. '엄마 나는 세 살이지? 내년에는 네 살이 되지?', '우리 집은 8층이고, 친구 집은 5층이야. 그래서 우리 집이 3층 더 높아!'라고 말하는 아이를 보며, 엄마들은 우리 아이가 커서 수학을 잘할 것이라는 기대를 가져봅니다. 어릴 때에는 수학만큼 재미난 과목이 없습니다. 그러나 초등학교에 들어서며 수학에 대한 아이들의 성향은 뚜렷하게 나눠집니다.

저희 반에는 30명의 학생이 있습니다. 좋아하고 싫어하는 과목의 기호 차이가 제일 심한 과목도 수학이요, 잘하고 못하는 수준 차이가 제일 큰 과목도 수학입니다. 심지어 고학년이 되면서 수학에 공포를 느끼고, 수학은 포기한다고 말하는 아이들도 있습니다. 교사로서 이런 아이들을 만나면 당황함도 크지만, 아쉬움도 많습니다. 왜냐하면 수학을 싫어하는 이유를 들여다 보면, 그 이유가 너무나도 하찮기 때문입니다.

수학을 싫어하거나 못하는 학생들은 공통점이 있습니다. 바로 수학에

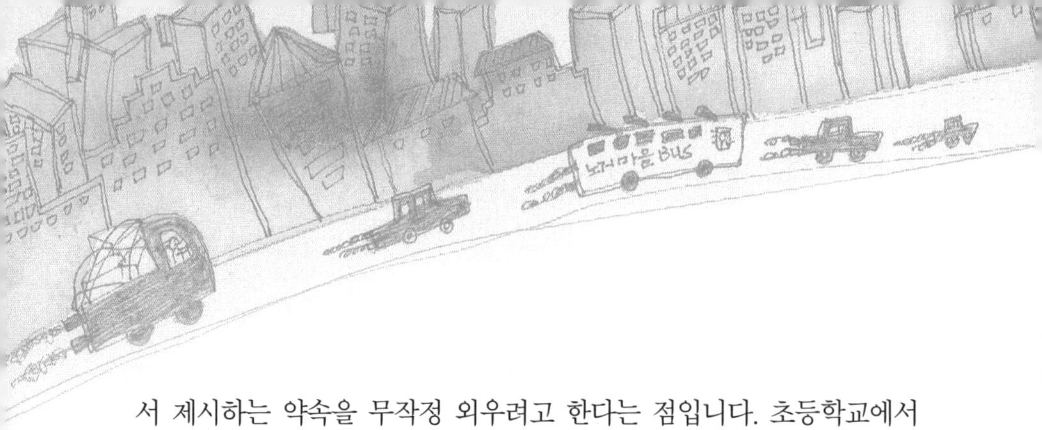

서 제시하는 약속을 무작정 외우려고 한다는 점입니다. 초등학교에서 주된 수학 공부는 사칙연산 훈련과 개념 약속하기입니다. 아이들은 같은 것을 반복하거나 외우는 것을 싫어하기 때문에 공식 투성이인 수학이 늘 못마땅합니다. 저 역시 어릴 때 그랬고요. 그러나 대부분의 어른들은 '일단 외워둬, 나중에 다 도움이 될 거야'라고 쉽게 말해 버립니다. 저는 수학 공부가 단순한 암기가 되는 것을 보면 참 슬픕니다. 그럴수록 여러분은 수학과 멀어질 뿐이니까요. 그리고 여러분들이 수학 공부를 하면서 얼마나 괴로울까 하는 생각도 듭니다.

수학에 나오는 개념과 공식을 좀 더 쉽게 설명할 순 없을까요? 무턱대고 외우지 않아도 저절로 외워지는 방법은 없을까요? 공식 자체를 외우는 것이 아니라, 공식이 만들어지는 과정을 생각할 수 있는 힘을 기를 수는 없을까요?

이 책에 나오는 로라도 외우기만 해야 하는 수학이 지긋지긋한 아이였습니다. 그러나 아빠와의 대화를 통해 점점 수학에 흥미를 가져갑니다. 아빠는 사랑하는 딸을 위해 수학에 등장하는 여러 가지 약속과 관련된 원리와 배경을 들려줍니다. 로라를 통해 저의 어린 시절을 다시금

되돌아보니 저 역시 수학 공부가 제일 재밌었던 적은 이야기와 함께 할 때였습니다.

이 책에 소개된 수학은 교과서와는 다릅니다. 교과서처럼 학년의 수준에 따라 순서대로 설명하고 있지도 않고, 약속하기를 외운 뒤 문제를 푸는 방식도 아닙니다. 따라서 교과서보다 더 쉽게 이해되는 부분도 있고, 무슨 내용인지 이해되지 않는 부분도 있을 것입니다. 저는 여러분이 조금 편한 마음으로 이 책을 읽었으면 합니다. 로라와 아빠의 대화를 훔쳐보는 기분으로 말입니다. 한 번 읽고 던져두는 책이 아니라 한 학기에 한 번, 1년에 한 번 특정한 기간을 정해두고 다시 읽고 또 읽는 책이 되기를 바랍니다. 처음부터 욕심을 부리지 않고, 차근차근 읽어가다 보면 수학의 매력에 빠질 것이라고 생각됩니다. 제가 이 책을 감수하는 동안 즐거웠던 것처럼 말입니다. 이 책과 함께할 여러분을 응원합니다!

2009년 6월

여의도초등학교에서 군만두 선생님이

차 례

세상에 수학이 왜 존재해서 우리 딸을 괴롭힐까? 지긋지긋한 수학이 없다면 너의 학교생활은 더 즐거울 수 있겠지? 아마도 말이야. 언젠가 네가 무심코 뱉었던 말이 생각나는구나. '나는 누굴 닮은 거죠? 난 왜 이렇게 머리가 나빠서 수학을 못하는 걸까요?' 두 눈에 눈물이 그렁그렁 맺힌 채 50점도 채 안 되는 시험지를 붙들고 하소연을 했었지.

그래, 너처럼 창의적이고 자유로운 생각을 좋아하는 아이에게 수학은 딱딱하고 지겨운 학문일 수 있어. 약속도 많고, 평소 생활에서 사용하지 않는 기호도 많으니까. 또 완벽한 정답이 있는 학문이니까. 비슷한 정답이나 예시답안이 존재하지 않는 학문이지. 정답과 똑같지 않으면 무조건 틀리니 얼마나 깐깐한 학문이니? 하지만 아빤 그래서 수학이 좋단다. 깐깐하다는 건 그만큼 정직하다는 말이니까. 함부로 말을 바꾸는 사람을 보면 어떤 마음이 드니? 아마도 그 사람을 신뢰하기 어려울 거야. 수학은 함부로 약속을 바꾸지 않아. 맞고 틀리는 게 명확하지. 이보다 정직한 학문이 또 있을까?

네가 수학을 싫어하는 건, 그동안 약속을 대충 넘겨왔기 때문이야. 많은 사람들이 너처럼 수학을 공부하곤 해. 그러면서 그들은 이렇게 말하지. '수학은 머리가 좋아야 잘할 수 있어.', '난 수학적 머리를 타고 나지 않은 것 같아.'라고……. 하지만 이런 하소연을 하는 사람치고 수학 공부를 열심히 한 사람은 없어. 로라를 포함해서 말이야. 수학을 열심히 공부한 사람은 수학이 지겹다거나 어렵다고 투덜대지 않아. 넌 지금 수학을 열심히 공부할 수 있는 사람이라면, 처음부터 수학을 좋아하거나 잘했을 거라고 말하고 싶겠지? 그래서 아빠의 이야기를 들려줄까 해.

아빤 어렸을 때 가정형편이 좋지 않았어. 그래서 학교가 끝나면 빨리 집으로 돌아와 부모님의 일을 도와드려야 했지. 그러다 보니 자연적으로 학교 수업에 소홀해졌고, 초등학교 때 제일 잘 받은 수학 점수가 76

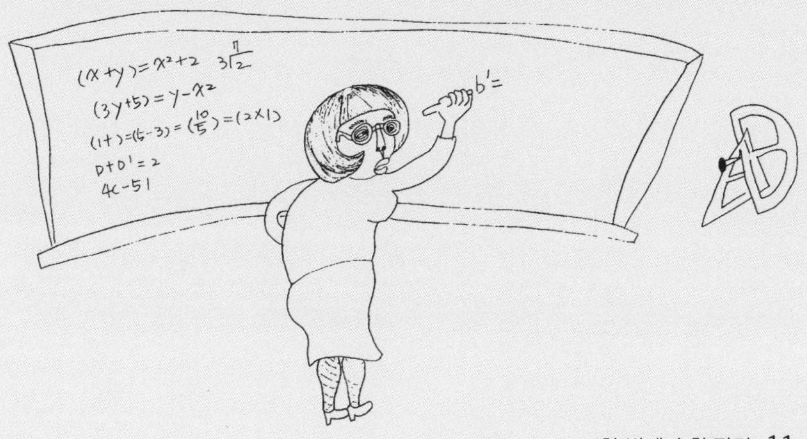

점이었어. 그렇게 중학교에 들어갔지. 그런데 갑자기 어려워진 수학문제에 당황한 거야. 수학선생님은 수업시간마다 문제를 풀게 하셨는데, 그땐 정말 칠판 앞에 나가는 게 얼마나 떨리든지……. 아빠는 자존심이 세서 문제를 못 푸는 게 너무 부끄러웠거든. 그래서 수학 시간에 풀 문제의 모범답안을 미리 외워두기 시작했어. 온갖 약속과 풀이과정을 외우다 보니 어느 순간 수학의 원리가 보이기 시작했어. 왜 곱셈의 반대가 나눗셈이고, 곱셈공식의 반대가 인수분해인지 알겠더구나. 방정식과 함수의 관계가 눈에 보이고 지수와 로그의 관계를 이해하게 되었지. 그때부턴 골치 아프게 느껴지던 수학이 마치 퍼즐 맞추기나 암호풀이처럼 신기하고 재미있게 느껴졌어.

아빠가 너에게 수학을 강조하는 이유는 아빠의 개인적 경험 때문일지도 몰라. 하지만 수학의 매력에 빠져본 사람들은 알지. 수학이 가지는 아름다움을 말이야. 수학을 하고 있으면 인생을 배우는 것 같은 기분이 들어. 수학문제를 해석하는 건 우리가 살아가면서 부딪히는 문제를 분석하는 것과 닮았어. 수학문제를 해결해나가는 과정은 살면서 생기는 여러 가지 꼬인 문제들을 차근차근 풀어가는 모습과 닮았어. 특

히, 수학을 풀면서 문제에 집중하고 몰입하는 내 모습이 꽤 근사하고 멋지게 느껴져. 어려운 수학문제를 풀어냈을 때의 기쁨은 말할 수가 없단다. 어느 철학자가 말했는데, 사람이 살아가는 이유는 '성취감' 때문이라고. 수학은 성취감을 느낄 수 있는 최고의 학문이지.

수학을 잘하면 학교 성적을 잘 받을 수 있고, 좋은 대학에 갈 수 있고……, 등의 이유를 수학을 공부하는 목적으로 삼기에는 너무 시시해. 수학공부에는 더 큰 목적이 많기 때문이야. 아빠는 로라가 수학을 공부하면서 인생을 배울 수 있었으면 좋겠다. 문제가 풀릴 때까지, 다양한 약속과 원리를 터득할 때까지 인내하며 겸손한 자세로 공부했으면 해. 그런 시간이 차곡차곡 쌓이다보면 언젠가는 수학을 통해 인생의 성취감과 기쁨을 맛볼 수 있을 거야. 그런 날이 어서 오기를 빈다. 스스로의 능력을 믿고, 시간을 재촉하지 않고, 천천히 즐겨보길 바란다.

결과
1306

수학 시간엔 통 무슨 말을 하는 건지!

"설명한다는 게 무슨 말이에요?"

로라가 물었다.

"시작부터 대단한 걸! 그래, '설명하다'라는 말은 라틴어로 엑스플리카레explicare라고 하는데, 플리카레plicare는 '접다', 엑스플리카레explicare는 '펴다'라는 말이야. 그런데 이 단어는 복잡하고 당황스러운 것을 가리키기도 해. 우리는 뭔가 복잡한 일이 생기면 당황하게 되고 설명을 듣고 싶어 하잖아. 그러니까 설명한다는 건 접히고 뒤얽힌 걸 바로 펴서 더 분명하게 만드는 걸 의미해. 우리 몸 중에서 가슴 사이 움푹 팬 곳에 신경과 혈관이 얽힌 매듭이 있어. 그래, 네가 스트레스를 받으면 아프게 조여 오는 그곳 말이야, 거기를 가리키는 플렉수스plexus라는 단어도 같은 뿌리에서 온 말이야. 그러니까 설명한다는 건 곧 매듭을 푼다는 뜻이지. 설명을 듣고 나면 모든 게 머릿속에서 정리되고 환하게 밝아지잖아. 그래서 '밝혀 설명한다'라고 하는 거야. 마치 바람이 불어 먹구름을 싹 걷어내듯이 말이야."

아빠는 한 줄기 바람이 딸의 머릿속 먹구름을 걷어내 주기를 기다렸다.

"로라야, 넌 수학이 뭐라고 생각하니?"

로라는 고민할 것 없이 냉큼 대답했다.

"그야 문제들이 빼곡하게 들어 차 있고, 모르는 것들 천지에, 법칙들로 가득한 과목이죠. 수학 시간이면 선생님은 그저 문제만 낼 뿐이고, 난 그걸 풀어야 하고!"

아빠가 웃음을 터뜨렸다.

또래 친구들이 그러하듯 로라 역시 수학엔 꽝인 아이였다. 전혀 창피해 하는 기색 없이 대놓고 그렇게 말했다. 하지만 목청 높여 싫다고 외치는 로라의 얼굴에 일종의 엄살이 섞여 있는 게 빤히 보이기도 했다. 하기야 요즘 아이들은 형편없는 수학 성적이 무슨 자랑거리라도 되는 듯 여기니까. 로라도 정말 자기가 수학엔 꽝이라는 걸 자랑스러워하는 건가? 아니면 수학은 자기 스스로도 어쩔 수 없다는 말을 돌려서 하는 걸까?

아빠와 로라는 우선 각자 수학에서 자기가 좋아하는 것과 싫어하는 것을 말해 보기로 했다.

로라가 먼저, 흥분해 시작했다.

"솔직히, 좋은 걸 찾기는 너무 어려워요……. 뭐, 그렇다고 별로 기죽을 일은 아니라고 생각해요. 그럼 이제 맘에 안 드는 걸로 이야기해 볼까요?"

"그래, 해 봐."

로라가 따발총을 쏘듯 쏟아냈다.

"우선, 수학 시간엔 통 무슨 말을 하는 건지 모르겠어요. 그리고 문제를 풀려면 뭘 어떻게 해야 할지 도저히 모르겠고요, 게다가 또 그 증-명이라는 게 뭔지도 전혀 이해가 안 간다고요. 그만 할까요? 아님 계속해요?"

로라는 증명이라는 단어를 한 음절 한 음절 힘주어 발음했다.

"계속해 봐."

"도대체 수학이 무슨 소용인지 모르겠어요. 그러니까 사는 데 무슨 도움이 되는 건가요."

그러면서 마지막으로 가슴 가장 깊이 담아 두었던 한 마디를 내뱉었다.

"수학이라면 진짜 소름이 돋아요!"

아빠는 놀라 로라를 쳐다보았다. 뭐? 수학이라면 소름이 돋는다고? 지금까지 누구에게서도 그렇게까지 격한 표현을 들은 적이 없었다. 아빠는 살짝 미소를 지었다.

"그런데 네가 수학을 그렇게 소름이 돋을 만큼 싫어하는 걸 보니, 수학이 너랑 아무 상관도 없는 건 아닌가 보구나."

"감옥이 죄수를 가만 내버려두는 것 보셨어요?"

"수학이 감옥이라고?!"

"말하자면 그렇다는 거죠! 아빠가 말도 안 되는 소릴 하시니까 그러는 거잖아요! 어떻게 아빠는 제가 꼬맹이 때부터 일주일에 몇 시간씩이나 억지로 들어야 했던 그 과목이 저랑 아무 상관도 없을 수 있다고 생각하시는 거예요!"

"로라야, 어떤 면에서 수학이 그렇게 소름 돋는지 말해 줄래?"

"제 생각에 수학이란 과목은 정말 칼로 내려치듯 가차 없이 잔인해요. 사소한 거 하나라도 아차 실수하는 날이면 완전 끝장이잖아요. 틀려도 조금 틀린 게 아니라 완전히 틀린 게 되니까요."

아빠가 웃음을 터뜨렸다. 로라는 여세를 몰아 계속 퍼부었다.

"게다가 아빠도 원래 당연히 그런 거라고 생각하시죠? 제가 짜증나는 점이 바로 그거예요. 수학 시간엔 제가 무기력하게 느껴져요. 그냥 입을 다물고 있을 수밖에 없어요. 전 그냥 그렇게 입 다물고 있는 게 싫어요. 수학은요, 그래요 수학 시간에는요, 뭐라 대꾸할 말이 없어요."

"뭐라고 대꾸하고 싶은 건데?"

"그야 뭐 당연히……, 잘 모르겠어요."

로라는 아빠의 입가에 감도는 미소를 보았다.

"아빠! 그렇게 재미있으세요? 제가 할 말이 없다는 건 뭔가 말을 하고 싶을 만큼 재미를 못 느낀다는 거잖아요. 무슨 재미가 있어야 할 말이 생기죠!"

"로라야, '원래 당연히 그런 거', 그게 과연 네가 생각하듯 수학에서만 그런 걸까? 센 강은 스트라스부르가 아니라 파리를 가로질러 흐르는 거, 그것도 원래 당연히 그런 거잖아. 바스티유 감옥 습격 사건이 일어난 건 1789년 7월 13일이 아니라 14일이야. 그것도 원래 당연히 그런 거고."

"물론 그렇긴 하죠. 그렇지만 어쩌면……."

"어쩌면 뭐?"

"13일에 일어났을 수도 있었잖아요."

로라의 말대답에 놀라며 아빠는 이 대화가(아니 대결이었나?) 쉽진 않을 것 같다는 생각을 했다. 아빠는 이제 시작이란 기분으로 설명했다.

"그래 좋아. 근데 너희 역사 선생님이 뭐라고 하시든? 왜 바스티유가 14일에 습격당했는지를 설명하시면서, 왜 그런 일이 일어났는지 이유를 알려 주고, 일어난 사건들을 소개하고, 왜 그 사건이 바로 그날 일어나야 했는지를 말씀해 주셨지 않니? 또 지리 시간에 센 강의 흐름에 대해 공부할 때도 마찬가지였을 거다. 물론 상황이 달라질 수도 있었겠지. 그렇지만 일이 그렇게 되었을 때는 분명히 그럴만한 이유가 있는 거란다. 그래서 대개의 경우 상황에 대해 설명하고, 그 이유들을 말해 주는 거지."

"그런데 수학에서는요, 상황은 절대로 달라질 수 없을 거 같다는 생각이 든단 말이에요. 당연히 원래 그런 거, 그게 정말 소름끼치게 싫다고요. 이등변삼각형의 두 각은 크기가 같아야만 되는 거잖아요! 우리가 어떻게 하든 결과가 이미 뻔해요. 결국, '그럼 난 뭐야?'라는 생각이 든단 말이죠."

"그렇지만 센 강이 흐르는 방향도 너랑 상관없이 이미 정해져 있는 거잖아."

"물론 그래요, 그렇지만 제 생각엔 그건 뭔가 다른 것 같아요."

"뭐가 다른 거 같은데?"

"그건, 제 생각엔, 정말 수학 시간엔 도대체 무슨 소릴 하는 건지 통 이해가 되지 않기 때문인 거 같아요. 역사 시간이나 지리, 언어, 화학, 물리 시간에는 그래도 알겠어요. 늘 완벽히 다 이해하는 건 아니지만, 그래도 무슨 이야기를 하고 있는지 정도는 안다고요. 그런데 수학 시간에는, 그래요, 수학은 마치 비밀 암호 같아요."

"아, 그래!"

답답해진 아빠의 목소리가 높아졌다.

"만일 수학이 암호 문자라면, 그건 뭔가 의미하는 바가 있다는 거지 아무것도 아닌 건 아니잖아. 그렇지 않니?"

"글쎄요……. 그 말이 그 말이죠, 뭐. 두 경우 다 전 어차피 무슨 소리를 하는 건지 통 알 수가 없으니까요."

"아니야, 그게 그건 아니지. 암호문이든 아니든 간에 수학이 일종의 언어라면 그건 뭔가 내용을 담고 있는 거야. 그리고 넌 그 내용을 해독해 보려고 시도는 해 본 거고. 그러니까 적어도 수학이 말도 안 되는 이야기를 하고 있는 건 아니라는 사실을 인정은 하고 있었던 거지?"

"아빠가 그렇게 얘기하니까 그런 것 같아요. 분명 수학에서도 뭔가 이야기하는 게 있다는 건 인정해야겠네요. 하지만 그게 뭐죠?"

"글쎄, 난 수학 수업이 다른 언어과목의 수업과 다를 게 없다고 생각한단다. 물론 수학 시간이 한국어나 프랑스어 시간과 똑같지는 않겠지만, 그래도 일종의 언어 수업 시간인 건 분명해."

"프랑스어나 한국어 수업 시간엔 사람들이 등장하고, 대화가 있어요. 사람들이 자기 생각이나 느낌, 정보, 사랑 등 뭔가를 표현하기 위해 이야기를 나눈다고요."

순간 로라의 눈이 장난스럽게 반짝거렸다.

"그럼 수학에서는 '사랑해'라는 말을 어떻게 하죠?"

아빠는 순간 당황해 멈칫했지만 곧, 수학에서는 '사랑해'라는 표현을 할 수 없다는 걸 인정해야 했다.

"그렇다고 난 모든 걸 다 이야기할 수 있다고 말하진 않았어. 다만 수학에서도 많은 생각들을 표현할 수 있다는 거지. 예를 들어 둘 사이에 있다, 양쪽에 있다, 가장 크다, 가장 작다, 가깝다, 선을 그린다, 포개진다, 서로 만나다 등의 표현 말이야."

다소 자신감을 회복한 아빠가 말을 이었다.

"수학은 일종의 언어라고 했지만, 그렇다고 언어이기만 한 건 분명히 아니야. 수학은 생각하는 바를 표현하고, 머리에 떠오르는 아이디어를 말하고, 명제를 세우고, 질문을 하고, 긍정하고, 부정하고, 기술한다는 점에서 언어라고 할 수 있어. 그리고 수학적 언어들이 암호문 같은 비밀 언어는 아니야. 수학이라는 언어에서 사용하는 표기법은 모두에게 열려 있거든. 누구든 그 내용을 알 수 있다는 거지. 모든 학생들이 배울 수 있는, 아니 배워야만 하는 것이라고 말하는 게 좋겠구나. 왜냐하면 이 표기법이 수학 수업의 가장 중요한 부분을 이루는 거니까."

"대체 어떤 나라에 가면 그 언어를 배울 수 있는 건데요? 여기 지도에서 손가락으로 가리켜 봐 주세요. 어학연수 등록이라도 할 수 있나 알아봐야겠어요."

"아가씨, 빈정대지 맙시다. 이 언어는 수학 수업 시간에 배우는 거니까요."

"그러니까 결국 수학 시간에도 주제를 잡고 해석을 하고……, 그래야 한다는 말이네요."

"그럼, 당연하지. 수학 내용을 우리의 일상 언어로 번역하는 건 아주 멋진 연습이야. 이를 위해 우리 수학에 사용되는 단어나 기호를 한번 살펴볼까?"

아빠는 종이 위에 뭔가를 간단히 쓴 후 로라에게 내밀었다.

"여기 수학식이 세 개 있어. 이런 수학식을 수학적 표현이라고 하는데, 그 이유는 수학식이 어떤 생각이나 사실을 표현하고 있기 때문이야. 자, 여기 형태가 비슷한 식이 세 개 있다고 하자. 그런데, 이 식들은 전혀 성격이 다른 것들이야.

《2+=》, 《2=1+3》, 《2=1+1》

《2+=》, 이 식은 말도 안 되는 거야. 하지만 틀린 거라고 할 순 없어. 말이 안 되는 거니까 틀렸다고도 할 수 없는 거잖아. 뭔가 내용이 있어야 틀렸다고 할 수 있는 거니까. 그런데 이 식은 아무 내용이 없어. 이건 그냥 잘못 쓴 식일 뿐이야. 수학의 표기법에 맞게 쓰인 문장이 아니라는 거지.

《$2=1+3$》, 이 식은 2라는 수는 $1+3$이라는 수와 같다는 말을 하는 거지. 이해는 돼. 그렇지만 틀린 식이야. 이유는 알지?

《$2=1+1$》, 무슨 말인지 알지? 2라는 수는 $1+1$이라는 수와 같다는 말이지. 이해도 되고 참인 식이야.

수학에 있어서 대부분의 오류는 수학식, 그러니까 만들어진 수학적 문장이 말이 안 되는 데서 시작되는 거란다. 따라서 첫 번째 주의할 점은 자기가 세운 식이 수학의 표기법에 맞게 제대로 만들어진 것인지를 확인하는 일이야."

아빠는 종이를 한 장 새로 꺼내 뭔가를 적더니 로라에게 내밀었다.

$$《D+D'=2》, 《2 /\!/ 3》$$

D: 선분, D': 또 다른 선분, $/\!/$: 서로 평행하다

"자 이 두 식은 잘못 만들어진 문장이야. 아 참! 여기서 D와 D'는 선분을 가리키는 거라는 말을 하는 걸 잊었구나.

《$D+D'=2$》, 이건 말이 안 되지. '두 선분을 더한 합'이 뭘 의미하는 건지 우린 모르잖아. '$+$' 표시는 기하학에는 안 나오는 기호니까. '기하학'이 도형의 세계를 뜻하는 말이라는 건 알지?

《$2 /\!/ 3$》, 이것 역시 '평행한 두 수'가 뭘 의미하는 말인지 모르

잖아. '//' 기호는 수의 세계에는 없는 기호니까.

자, 그럼 이제 수학 언어에서 사용되는 용어의 종류들을 한번 살펴보기로 하자. 먼저 우리 일상 언어에서도 사용되는 걸로는 이, 그, 하나의, 몇 개의, 어떤, 여러 같은 수식어나 ~중에 같은 부사어, 그리고, 따라서 같은 접속어들이 있겠지? 또 만드시오, 찾으시오, 구하시오, 밝히시오, 그리시오 같은 명령의 표현들이 있을 거고, 어떤 대상을 제시할 때 쓰이는 ~를 보자, ~가 있다고 하자 등의 표현들도 있겠구나. 다음으로 수학에서만 특별하게 사용되는 용어로는 중선, 수직이등분선, 대각선, 함수, 원기둥 등과 같이 대상의 이름을 가리키는 말들이 대부분이지만, 두 변의 길이가 같은(이등변), 변의 길이가 같은(등변), 평행한, 짝을 이루는 등과 같이 대상을 꾸며주는 표현들도 있단다.

그리고 연산에 사용되는 +, − 등의 기호나 두 항 사이의 관계를 표현하는 =, // 등의 기호는 식을 간단하게 표현할 수 있게 도와주는 특별한 수학 기호들이지.

이제 문장으로 넘어가 보자. 수학에서 쓰이는 문장의 종류는 어떤 것들이 있을까? 약속에 해당하는 문장, 대상이나 상황을 제시하는 문장, 요구에 해당하는 문장 등이 있겠지. 수학의 세계에 새로운 대상이 등장하면 그 대상에 대한 출생증명서를 만들어야 하는데, 이렇게 어떤 대상이 수학 세계에 새로 들어왔음을 공식적으로 알려주는 역할을 하는 것이 바로 정의야. 정의는 약속과 같은 것이지. 따라서 어떤 한 대상에 대한 정의 안에는 그 대상의 이름과 그 대상을 특징짓는 모든 정보들이 들어가야 하는 거야. 그래서 정의를 내릴 때는 항상……."

로라가 끼어들며 말을 끊었다.

"그럴 때 우리 선생님은 어조를 바꿔요. 일단 목소리를 착 깔고 근엄하게 말하죠. 정의란 말이지……."

"그건 당연한 거야. 이상할 거 없어. 정의란 만물의 근본이니까. 수학의 역사에 있어서 중요한 순간이거든. 우리말에 나오는 단어들을 정의할 때와는 달리, 수학적 정의는 어떤 대상을 표현하는 데만 그쳐서는 안 되는 거야. 바로 적용될 수 있는 거라야 하니까. 다시 말해서, 정의에 사용된 용어들 하나하나에 대해서 그 정확한 정의들을 모르면 수학 공부를 할 수가 없는 거야. 그러니까 다양한 방법으로 표현된 모든 정의들을 알고 있어야만 해. 한 가지 용어라도 잊어버리게 되면……."

"'그때는 조금 잘못된 게 아니라 완전히 틀리는 거다'라고 말씀하시려는 거죠? 하지만 전 그게 미치겠다고요."

"하지만 수학 공부를 통해 네가 얻을 수 있는 가장 중요한 것들 중 하나를 꼽으라면, 그건 바로 그런 정확성이야. 그거야말로 네가 말한 대로, 수학 공부를 해서 사는 데 도움이 될 만한 좋은 점들 중 하나니까. 정확성이라는 건 까다롭게 따지고 드는 것과는 다른 거야. 수학자가 새로운 생각이나 새로운 개념, 새로운 대상을 발견하면 이름을 붙이고, 그것에 대해 이야기하거나 활용하지만, 정확한 정의까지는 내리지 못하는 일들이 많아. 예를 들어 직선, 원 등은 유클리드가 정의를 내리기 전에도 이미 한참 동안이나 사용되었던 것들이거든."

"등호를 그리는 데 왜 많은 시간을 보내야 하나요?"

"넌 수학에 등호 기호가 없으면 어떨지 상상해 봤니? 등호는 수학에서 가장 중요한 기호 중 하나야. 자, 내가 $2=1+1$이라고 썼어. 난 무슨 말이 하고 싶은 걸까? 2라는 수와 $1+1$이라는 수가 서로 똑같은 수라는 말, 그러니까 이 둘은 같은 수를 가리키는 서로 다른 두 이름이라는 말을 하려는 거야. 그래서 등호 표시로 연결하는 거야. 뿐만 아니라, 2라는 수를 나타낼 수 있는 모든 이름들을 열거해 볼 수도 있을 거야. 이렇게 말이야."

$$2=(1+1)=(5-3)=\left(\frac{10}{5}\right)=(2\times1)=\cdots\cdots$$

"그래서 뭘 할 건데요?"

"만일, 이런저런 이유로 내가 2를 뭔가의 합으로 표현할 필요가 있다면 $1+1$로 나타낼 수 있을 거야. 그런데 또 만일 어떤 것의 차를 2로 나타내고 싶을 경우라면 $5-3$이라고 쓸 수 있겠지. 이렇게 필요에 따라 항상 성립하는 수많은 식 중 하나를 골라 쓸 수 있는 거지.

만일 내가 $a=b$라고 쓴다면, 그건 a와 b가 서로 같기 때문에 맞바꿀 수 있다는 말이고, a가 쓰이는 곳에 b를 갖다 놓아도 된다는 말이 되는 거야. 그 반대도 마찬가지고.

'같다'의 반대는 뭘까? 그야 다르다가 되겠지. 이건 등호 위에 사선을 그은 '≠'기호로 표시하지. '다르다'는 건 같지 않다는 사실을 의미하는 거야. 오직 다르다는 사실만을 의미하는 거란다. 그러니까 이 '다르다'는 말을 '더 크다' 혹은 '더 작다'를 표시하는 부등호 '<' 또는 '>'와 혼동해서는 안 되겠지?"

"등호는 늘 있었나요?"

"'값이 같다'라는 것에 대한 개념은 늘 있었지만, 처음부터 기호가 존재했던 것은 아니야. 1557년에 영국의 의사였던 로버트 레코드가 처음으로 네가 지금 알고 있는 그 등호 표시, 그러니까 '=' 기호를 사용할 생각을 해 냈지. 사람들이 그에게 왜 그렇게 표시할 생각을 했냐고 물었더니 그 사람은 '한 쌍의 평행선, 그러니까 쌍둥이 선을 고른 거예요. 쌍둥이만큼 똑같은 건 이 세상에 없으니까요'라고 대답했다고 해."

"그럼 그 전에는 어떻게 했어요?"

"값이 같음을 표현하는 라틴어인 아에쿠알리[aequali]를 그대로 다 썼었지. 기호가 없던 시절에는 수학 용어들을 모두 단어 그대로 썼었단다. 하지만 이 문자 기호는 말할 수 없이 복잡하고, 길고, 게다가 많이 불편했지."

"그러면 수학책도 겉으로 보기에는 다른 책들과 비슷해 보였겠네요?"

"물론 그랬지."

"그러면 '+'와 '−' 기호는요?"

"그건 상자에 대한 이야기로 거슬러 올라가야 해."

"상자라니요?"

"1500년경에 독일에서는 물건들을 나무로 만든 상자에 담아 팔았거든. 물건이 가득 담긴 나무 상자는 4센트너centner(약 50킬로그램) 정도 되었대. 그런데 물건이 좀 부족하면, 예를 들어 5파운드livre 정도 덜 들어 있을 때는 상자 위에 $4c-5l$라고 썼었대. 그리고 무게가 그보다 넘을 경우, 예를 들어 5파운드 초과했다고 하면, 선 위에 줄을 하나 그어 상자 위에 $4c+5l$이라고 썼다는구나. 나무 상자 위에 쓰기 시작했던 −, + 기호가 종이로 옮겨지고, 또 상업에서뿐만 아니라 대수에서도 사용되게 되었던 거지."

"……."

"그리고 이집트 사람들의 경우에는 두 가지 상형문자를 사용했었지.

(덧셈)

(뺄셈)

이 그림은 다음과 같이 해석될 수 있어."

덧셈: 두 다리가 글을 쓰는 방향으로 걸어가는 모양.

뺄셈: 두 다리가 글을 쓰는 방향의 반대 방향으로 걸어가는 모양.

"'더하기' 기호는 '빼기' 기호에 선을 하나 그은 거고, '다르다' 기호는 '같다' 기호에 선을 그은 거네요."

"바로 그거야. 수학에서는 두 요소가 어떤 점에서 다른지에 따라 '다르다'를 표현하는 방법들이 여러 가지가 있단다. 수를 예로 들어 보면, 우리는 두 수의 차를 $a-b$라고 표시하지? 두 수의 차가 0이 아니라면 그 두 수는 같은 수가 아닐 거야. 또, 이건 사람들이 미처 제대로 생각하지 못하는 방법이기도 하지만, 몫으로 다르다는 것을 표시하는 방법도 있어. 두 수의 몫을 구하려면 $\frac{a}{b}$ 형태를 이용하면 돼. 그런데 만일 $\frac{a}{b} \neq 1$라면 두 수 a와 b는 서로 다르다는 말이 되는 거잖아."

“다른 기호들은요? 곱셈 기호 ‘×’는 어떻게 만들어졌죠?”

“그건 오트레드라는 영국 사람이 1600년대에 만들었어.”

“더 크다, 더 작다를 표시하는 부등호 ‘<’, ‘>’는요?”

“영국인이었던 토마스 해리어트라는 사람이 곱셈기호보다 좀 더 전에 만들었어.”

“왜 하나는 오른쪽으로 열려 있고 다른 건 왼쪽으로 열려 있나요?”

“그건 더 큰 수 방향으로 열려 있는 거야.”

“그러면 제곱근 표시는요?”

“그건 독일 사람이 처음 만들었어. 제곱근 기호인 $\sqrt{\ }$ 는 라틴어로 ‘뿌리’를 의미하는 단어인 라딕스^Radix^의 R자를 따서 변형시킨 거라는 말이 있어.”

“아, 그렇구나. 그런데 왜 뿌리라는 말에서 왔을까요?”

“$\sqrt{\ }$ 는 무엇을 의미하지? $\sqrt{2}$를 제곱하면 2가 되지? 즉, $\sqrt{2}$는 제곱하여 2가 되는 수를 말하는 거야.

$$(\sqrt{2})\times(\sqrt{2})=(\sqrt{2})^2=2$$

$\sqrt{2}$였던 수를 제곱하면 어떻게 되니? $\sqrt{\ }$ 속에 있던 2가 $\sqrt{\ }$를 뚫고 밖으로 나와 2가 돼. 그러니까 $\sqrt{\ }$는 저 아래, 땅 속에 묻

혀 있다가 자라 나와서 잎을 내미는 식물의 뿌리를 연상하며 만든 거지."

"재미있는 설명이네요. 그런데 아빠, 정말 궁금한 질문이 있는데요, 수numbers는 늘 있었던 건가요?"

한번도 생각해 보지 않은 질문이었다.

"수는 늘 있었던 건가요?"

수학을 싫어했던 아빠는 어릴 때 이런 생각을 하곤 했어. '수라는 개념을 처음으로 만든 사람은 대체 누굴까? 그 사람을 혼내줘야지!' 너도 가끔 이런 생각을 하니? 왜 사람들은 수를 만들었을까? 그건 기억을 위해서였대. 남은 곡식의 개수, 우리 부족 사람들의 수 등을 기억하기 위해 막대기 같은 모양으로 표시를 하기 시작했지. 그리고 막대기의 개수에 따라 이름을 붙였대. 그게 바로 수의 시작이었단다. 사람들이 단순히 개수를 세는 것에만 수를 사용했다면, 지금처럼 수학 수준이 높지는 않았을 거야. 세상에 존재하는 수라곤 1, 2, 3, 4,……와 같은 자연수가 전부일 테니까. 수에 대한 개념이 발달하면서 수학도 발전을 했어.

수를 분류하는 기준에 대해 알려줄까? 생각보다 재미있단다. 수는 크게 두 가지 의미로 나눌 수 있어. 수를 어떤 의미로 보느냐에 따라 1은 1이 될 수도 있고 1이 아닐 수도 있어. '양의 수'와 '순서수'가 있기 때문이야. 예를 들어 너와 아빠가 도토리 줍기를 했어. 너는 한 개를 주웠고, 아빠는 다섯 개를 주웠다고 하자. 여기에 사용된 수는 '양의 수'야. 1이나 5는 우리가 주운 도토리의 양을 말해주는 수이지.

그런데 누가 몇 등인지를 따진다고 생각하자. 그럼 아빠는 1위이고,

너는 2위겠지? 이때 사용한 수 1과 2는 '순서수'야. 어떤 사건의 순서를 알려주는 수이지.

양의 수는 절대로 변하지 않는 값이야. 그래서 '절대수'라고도 해. 엄마가 도토리 세 개를 주웠다고 해도 너는 1, 아빠는 5라는 수가 변하지 않지. 하지만 순서수는 상대가 누구냐에 따라서 그 값이 달라져. 그래서 '상대수'라고 할 수 있어. 아까 아빠와 로라만 도토리를 주웠다고 했을 때 로라가 2위, 아빠가 1위였지? 그런데 여기서 세 개를 주운 엄마를 껴준다고 하면 우리들의 순서수는 아빠는 1, 엄마는 2, 로라는 3이 돼. 엄마 때문에 로라의 순위가 바뀌지? 이처럼 순서수는 비교하는 대상이 누구냐에 따라 그 수가 바뀔 수 있어. 그래서 상대적이라고 하는 거야.

수학에서 주로 연구하는 것은 '양의 수'야. '순서수'는 상황에 따라 바뀌기 때문에 수학에서 크게 다루지 않지. 왜냐고? 수학은 정직한 학문이니까. 어떤 상황에서도 변하지 않는 절대적인 약속을 좋아하기 때문이야. 대신 '순서수'는 일상생활에서 많이 쓰여. 학교에서 키가 작은 순서대로 매겨놓은 키 번호, 가, 나, 다 순으로 매겨놓은 출석 번호, 시험 등수, 일의 우선순위를 매길 때 쓰는 첫째, 둘째 등도 모두 순서수

를 활용한 예이지. 네가 들어 본 양의 수는 무엇이 있을까? 자연수, 정수, 분수 등이 있겠지? 자연수는 자연스러운 수야. 그래서 손가락으로 셀 수 있는 숫자지. 하나, 둘, 셋, 넷 또는 1, 2, 3, 4, 5,……를 자연수라고 한단다. 수학적인 약속으로는 1부터 1씩 더해지는 수라고도 하지.

정수는 자연수를 확장한 거라고 생각하면 돼. 자연수가 1부터 1씩 커지는 경우만 생각했다면, 정수는 1부터 1씩 작아지는 경우도 생각한 거야. 그래서……, -3, -2, -1, 0, 1, 2, 3,……이 되는 거야. 참, 이때 -3과 -1 중에서 어떤 수가 더 클까? 이런 질문에 -3이라고 대답하는 친구들도 더러 있을 거야. 그런데 정수는 1에서 1씩 작아지는 수라고 했지? -1은 1보다 2만큼 작은 수이고, -3은 1보다 4만큼 작은 수야. 그렇다면 당연히 -3이 더 작은 수겠지? 이 개념이 어려울 땐 -를 지하로 생각해보렴. 지하 1층과 지하 3층 중 어디가 더 높니? 당연히 지하 1층, 즉 -1이겠지? -라는 건 감소하는 방향으로 간다는 것이야. 높이로 치면 아래로 간다는 것이고, 수직선으로 치면 왼쪽으로 간다는 것이지. 그러니 -4보다는 -100이 훨씬 작은 수란다.

분수는 전체에 대한 부분의 양을 비교하기 위해 만든 수야. 네가 컵에 물을 조금 따랐는데, 이 물은 전체 컵에 얼마나 차지하고 있을까? 이런 의문을 풀어주는 수이지. 전체에 대한 부분의 양을 따지기 때문에 숫자는 두 개가 필요해. 하나는 전체에 대한 양을 알려주고, 하나는 부분의 양을 알려 주지.

사람들은 이렇게 1, 2, 3, 4 등의 손가락으로 셀 수 있는 수를 바탕으로 다양한 수를 생각해냈어. 그리고 이것들을 더하고, 빼고, 곱하고, 나누기 시작했고, 크다, 작다, 이상이다, 이하이다, 같다 등의 수의 크기 비교를 하기 시작했지. 그러면서 +, −, ×, ÷, >, <, =와 같은 수학기호가 생겨났단다.

로라야, 만약 수의 세계가 이처럼 발전하지 않고, 단순히 숫자를 세는 것에만 그쳐 있었다면 어땠을까? 수학 시간마다 새롭게 배우는 것 없이 주어진 물건들을 한 개, 두 개, 세 개, 네 개 반복해서 세기만 해야겠지? 그랬다면 로라에게 수학은 지금보다 훨씬 지긋지긋한 과목이 되어 있을 거야! 원래 신비로울수록 더 재밌는 법이란다.^^

우리 부족에는 아이들이 얼마나 될까? 수

"우리 부족에는 아이들이 얼마나 될까? 무리를 이룬 양들이 얼마나 될까? 하늘에 별들이 얼마나 될까? 다시 보름달이 찰 때까지 얼마나 더 기다려야 할까? 수數는 이렇게 '얼마나 될까?'라는 질문에 답하기 위해 인류 역사의 초기에 만들어졌단다. 수는 인간이 생각해 낸 가장 위대한 발명 중 하나야. 수가 있어서 우리는 개수를 셀 수 있고, 치수를 잴 수 있고 또 계산도 할 수 있는 거니까.

사람들은 불을 보존하는 법을 배운 것과 마찬가지로 수를 보존하는 법을 배웠어. 처음에는 어떤 것의 양이 얼마나 되는지를 잊지 않으려고 뼈나 돌에 표시를 해 두거나, 돌멩이, 조개껍질, 끈의 매듭 등을 이용해서 흔적을 남겼단다. 그러다가 점차 점토나 나무, 파피루스 위에 기호를 적어 두기 시작했지. 숫자는 이런 과정을 통해 탄생한 거란다.

수를 표시할 수 있게 되면서부터 사람들은 셈을 하기 시작했어. 처음엔 덧셈에서 시작해서 다음엔 곱셈으로, 연산을 하기 시작한 거야. 이렇게 수를 세고, 같은 종류끼리 묶고, 정렬하고, 순서를 매기게 되었지."

아빠는 팔을 뻗어 손바닥을 펴 보이며 말했다.

"역사상 최초의 계산기는 우리 손이야. 사람들은 수천 년 동안 손을 사용해 계산을 했단다. 인간이 사용한 최초의 수는 자연수였어. 자연수는 손가락으로 셀 수 있는 수니까. 자연수는 간단하게 개수를 셀 수 있는 수라고 생각하면 돼. 1, 2, 3, 4, 5,……가 바로 자연수지. 이 자연수를 이용해 사람들은 수를 세고 계산을 했어. 그 다음에 나타난 것이 분수, 그 다음이 0, 그 다음이 음수, 이런 순서로 수가 인간 역사에 모습을 나타내게 되었어."

"숫자와 수, 난 이 둘이 만날 헷갈려요."

"너 '세 수 자리'라고 하니, 아니면 '세 자리 수'라고 하니?"

"아하! 세 자리 수라고 하죠! 멋진 설명이에요."

로라가 고개를 끄덕였다.

“문자들이 모여 단어가 만들어지는 것처럼, 숫자가 모여 수를 이루는 거란다.”

“아! 그러니까 숫자는 수를 구성하는 알파벳이구나. 제가 이렇게 말하길 기다리는 거죠?”

“그래! 우리가 사용하는 기수법은 십진법이야. 그래서 열 개의 숫자를 사용하지.”

“열 개의 숫자는 바로 0, 1, 2, 3, 4, 5, 6, 7, 8, 9이겠죠? 그런데 이 숫자들은 수가 되기도 하잖아요, 하나, 둘, 셋처럼 말이에요.”

“잘 아는구나.”

“그런데 반대는 안 되는 거죠?”

“물론이지. 예를 들어 10은…….”

“숫자가 아니에요.”

“그래, 숫자가 아닌 가장 작은 수가 10이지. 5는 555라는 수를 구성하는 숫자이지만, ‘5개월’이라고 할 때는 수로 쓰인 거잖아. 숫자는 일종의 철자기호 같은 것이고, 수는 양을 표현하는 데 쓰이는 거야. 사람들이 흔히 생각하는 것과는 달리, 숫자는 수보다 나중에, 그것도 훨씬 나중에 생겨났단다. 수는 양을 말하고 치수를 말하는 데 사용되었던 거지만, 숫자는 이 수를 기록해 두기 위해 사용된 거니까.

수에 있어서 골치 아픈 문제는, 수가 아주 많다는 거야. 그렇지만 동시에 이 점이 수가 가진 최고의 매력이기도 해. 우리 인간에게 없어서는 안 될 것 중 하나를 꼽으라면 그건 당연히 수일 거야."

"수는 무한히 많은 건데, 어떻게 거기다 일일이 다 이름을 붙여요?"

"모두가 알고 있듯이, 자연수는 끝이 없이 계속 되는 거니까 가장 큰 자연수란 있을 수 없어. 만일 가장 큰 자연수가 있고, 그걸 A라고 한다고 해 보자. A는 자연수니까 당연히 $A+1$도 자연수겠지. 그런데 $A+1$은 A보다 더 크니까, 당연히 A가 가장 큰 자연수라는 사실과 모순되는 거지. 이런 방식으로 증명하는 것을 귀류법이라고 한단다. 결국, 가장 큰 자연수라는 건 존재하지 않고, 이 말은 곧 자연수는 무한히 계속된다는 걸 의미하게 되지. 예전에 살았던 모든 사람들도 너랑 똑같은 의문을 품었었단다. 체계 없이 아무렇게나 닥치는 대로 수에 이름을 붙였다고 해 보자. 얼마 안 가서 어떤 이름이 어떤 수를 부르는 이름인지 알 수 없는 상황에 빠져 버리겠지? 뒤죽박죽 난리가 날 거야. 그래서 사람들은 이름을 보면 그게 어떤 수인지를 알 수 있도록 체계적인 방법으로 이름을 붙여야 한다는 생각들을 하게 된 거야. 어떻게 하냐고? 일단, 숫자를 선택해야지. 그러니까 몇 개의 '대표' 수를 뽑아서 그 수들을 가지고 다른 수를 표시할 수 있게 하는 거지. 그 다음엔, 이 숫자들을 결합해서 수를 적을 수 있는 방법을 만들어 내야지. 그걸 기수법이라고 한단다. 기수법 중 어떤 것들은 사용하기 편리하게 잘 만들어졌지만, 다른 것들은 아주 불편해서 사용하기 힘들었어. 솔직히 말해서, 로마인들은 이 분야에서는 별로 재능이 없었던 것 같아. 로마숫자의 경우에는, 표시하려는 수가 커지면 커질수록 자꾸 다른 숫자를 만들어 내야 했으니까! X(10), L(50), C(100), D(500), M(1000), …… 이런 식으로 말이야.

$$2310 = MMCCCX$$

$$1980 = MDCCCCLXXX$$

이처럼 큰 수를 나타내려면 끊임없이 계속해서 숫자를 만들어 내야만 했지. 수십 개의 숫자를 사용해야 한다면 그 기수법을 사용하기 힘들어지는 건 당연한 일이잖아. 기수법이 잘 굴러가려면, 일단 일정한 수의 숫자가 정해져 그대로 사용되어야 하고, 그 숫자의 개수가 적어야 해.

그런데 그리스인들이나 히브리인들이 사용한 기수법도 별로 신통치 않았어. 반면에, 메소포타미아 사람들과 마야 문명 사람들이 사용한 기수법은 아주 효과적이었단다. 마야 사람들은 20을 기본으로 한 기수법을 사용했고, 메소포타미아 사람들은 1과 60, 딱 두 개의 숫자만을 이용했지."

"이진법 같은 거네요."

"그건 아니야. 이진법에서는 반드시 0이 있어야 하니까. 이진법은 0과 1, 두 수만 사용하는 거잖아."

"아빠, 아직 내 질문에 대답 안 한 거 알아요?"

"이제 할 거야. 아무리 수가 커지더라도 상관없이 모든 수에 이름을 붙일 수 있는 유일한 방법, 그건 바로 지금 우리가 사용하고 있는 기수법이고 또 세상 모든 사람들이 함께 사용하고 있는 기수법인 0을 포함한 위치기수법이란다. 이 위치기수법에는 이미 결정된 숫자의 집합과 원칙이 존재해. 이 원칙에 따르면 한 숫자는 그 자체의 고유한 값 이외에 그 숫자가 나타나는 자리에 따라 정해지는 자릿값을 가진다는 거야. 예를 들어 1717에서 첫 번째 1의 값은 1000, 두 번째 1의 값은 10이 되고, 첫 번째 7의 값은 700, 두 번째 7의 값은 7이 되는 거야. 위치에 따라 값이 정해진다는 것, 이건 정말 기발한 아이디어야."

"어떤 자리에 있느냐에 따라 가치가 달라진다? 우리가 살아가는 것도 좀 그렇지 않나요?"

"그래, 네 말이 맞다. 우리는 사회에서 어떤 위치에 있느냐에 따라 다른 대접을 받곤 하지. 그리고 때론 그런 게 아주 부당할 때도 있고 말이야. 그렇지만 기수법의 경우에 이 위치기수법은 인간이 생각해 낼 수 있는 가장 훌륭한 것이었어. 모든 문명의 모든 사람들이 꿈꾸어 왔던 게 실현된 거지. 우리 양손의 손가락 수만큼밖에 안 되는 적은 수의 숫자를 가지고 이 세상 모든 수에 이름을 붙일 수 있다는 것, 정말 대단한 일 아니니? 그게 어떤 수라도 위치기수법에 따라 단 하나의 이름을 붙일 수 있어. 그리고 숫자를 어떤 식으로 배열하더라도 그 결과는 단 하나의 수가 되는 거고. 전혀 헷갈릴 게 없어. 게다가 또 이름만 봐도 그 수의 크기를 알 수 있잖아. 이름이 길어지면 수의 크기도 더 커지는 거니까. 그럼, 이보다 더 나을 순 없지!"

"0은 언제부터 있었나요?"

"기원전 5세기경에 바빌로니아인들은 빈자리를 표시하기 위해 기호를 하나 만들었단다. 위치기수법으로, 그러니까 십진법으로 '백일'이라는 수를 표현한다고 해 보자. 우선 일의 자리, 십의 자리, 백의 자리, 이렇게 나누어 봐야겠지? 그러니까 '백일'이 되려면 백의 자리 하나와 일의 자리 하나, '11'이라고 쓸 수 있었을 거야. 그렇지만 11은 십의 자리 하나와 일의 자리 하나, 역시 '11'이잖아. 어디서 이런 혼란이 생긴 걸까? 십의 자리가 비어 있다는 사실을 생각지 않은 탓인 거지."

"빈자리!"

"백일을 표현하기 위해서는 백의 자리가 하나, 십의 자리는 비어 있고, 일의 자리 하나, 이렇게 나타냈어야 했던 거야. 그런데 십의 자리가 비어 있다는 사실을 어떻게 표시하지? 그래서 새로운 기호인 '0'이 이 빈자리를 표시하는 데 쓰인 거지. 이 기호는 수를 나타내는 데 사용되었으니까 당연히 숫자로 취급되어 다른 아홉 개의 숫자 집합에 더해지게 된 거야. 그 후로, 백일은 아무런 혼동 없이 '101'이라고 적을 수 있게 된 거지.

이제 0이 가진 두 번째 의미도 알아보자. 만일 우리가 어떤 양에서 그 양만큼을 덜어낸다면, 그러니까 예를 들어 5에서 5를 뺐더니 아무것도 안 남는다는 걸 어떻게 표시하지?

$$5-5=0$$

여기서 0은 빈자리를 표시하는 기호로 사용된 것이 아니라 양을 표현하기 위해, 그러니까 더 이상 아무것도 없음을 나타내는 데 쓰인 거야. 이 경우 0은 수가 되는 거지. 빈자리 표시와 아무것도 없음의 표시, 이 둘이 0이 가진 두 가지 얼굴이라고 할 수 있어."

"0은 마치 내 얼굴 앞에서 펑 터져버릴 지도 모르는 풍선이 지나가는 것처럼 아슬아슬하다는 느낌이 들어요."

"예를 들어 보면?"

"나눗셈을 할 때, 어떤 수로든 나눌 수 있지만 0은 안 되잖아요."

"왜 그럴까? 무슨 이유가 있는 걸까, 아니면 그냥 선생님이 안 된다고 하니까 안 되는 걸까?"

"이유가 있다고 해 두죠."

"로라가 알고 싶은 게 뭘까?"

"놀리지 말고 제발 빨리 설명해 주세요!"

"곱셈에서 0은 어떤 다른 수도 모두 이길 수 있어. $0\times1=0\times213=0$이지? 즉, $0\times n=0\times m=0$이야. 왜냐하면 어떤 수와 곱해도 0이 되니까. 그래서 0을 소멸원이라고 하지. 반대로, 덧셈에서 0은 아무 힘이 없어. '$n+0=n$', 더하나 마나니까. 그래서 0을 덧셈의 단위원이라고 부른단다.

그러면 나눗셈에서는 어떨까? 0으로 다른 수를 나눌 수 있다고 가정하고 그 결과를 한 번 생각해 보자. 어떤 수 a가 있다고 하고 그 수를 0으로 나누어 보기로 하자. 그래, 여기서 a는 어떤 수라도 상관없어. 자, 이제 연산의 결과 나온 수를 b라고 하기로 하자. 그러니까 $\frac{a}{0}=b$가 되겠지. '내항의 곱은 외항의 곱과 같다'(55페이지 참고)의 원칙에 따라서 말이야. 따라서 $a=0\times b$. 그런데 $0\times b=a$. 그러므로 $a=0$. 앞에서 우리는 a가 어떤 수라도 상관없다고 했던 것 기억하지? 그러니까 우리가 지금 증명해 보인 건 뭐지? 만일 0으로 어떤 수를 나눌 수 있게 된다면, 결국 모든 수가 없어져 버리는 거네!"

$$\frac{a}{0}=b$$

$$a=0\times b$$

$$0\times b=a$$

따라서 $a=0$ (단, a는 어떤 수라도 상관없다)

로라가 고개를 끄덕이며 말했다.

"그럼 안 되죠. 세상에 수는 0 딱 하나만 남는 게 되는 거니까! 하기야 뭐 좋은 점도 있긴 하겠다! 모든 애들 성적이 똑같아지겠네! 다들 수학 점수가 빵점이겠는걸!"

"그게 바로 하향평준화라는 거 아닐까? 뭔가를 금지하는 걸 좋아하지 않겠지만, 여하튼 정수론에서 0으로 어떤 수를 나누는 것은 절대로 금지된 사항이야. 따라서 유의할 점은, 몫을 구하는 식 $\frac{P}{Q}$를 쓸 때는 반드시《$Q \neq 0$》의 조건을 붙여서, Q가 제로가 되어 생길지도 모르는 모든 상황을 미리 방지할 것".

$$\frac{P}{Q}, \text{ 단 이때 } Q \neq 0$$

"그런데 이진법은 십진법과 다른 점이 많나요?"

"아니야. 이진법과 십진법은 오히려 비슷한 점이 많아. 두 기수법 모두 0을 포함한 위치기수법에 해당하지. 유일한 차이점은 각 기수법에서 사용되는 숫자의 수가 다르다는 거지. 십진법에서는 열 개의 숫자를, 이진법에서는 두 개의 숫자를 사용하니까.

이진법의 장점은 뭘까? 사용하는 숫자가 적다는 거겠지. 그럼 단점은? 수의 이름이 훨씬 더 길어진다는 거야. 예를 들어 십진법에서 99에 해당하는 수가 이진법에서는 1100011로 적혀지니까. 두 기수법에서 수를 쓸 때 그 길이가 얼마나 차이가 나는지 확실히 보이지?"

"이진법이 왜 그렇게 중요한 건가요?"

"17세기의 유명한 수학자이자 철학자였던 라이프니츠는 동료들에게 이진법 체계를 사용하도록 하기 위해 온갖 애를 썼단다. 그렇지만 뜻대로 되지 않았고, 이진법은 역사 속에서 잊혀져 갔어. 그런데 컴퓨터가 등장하자, 이진법은 기계를 이용한 통신에 가장 적합한 언어로 인정받기 시작했어. 우리가 사용하는 말은 단어와 수, 그러니까 스물여섯 개의 알파벳 문자와 열 개의 숫자, 총 서른여섯 개의 기호로 구성되어 있고, 또 여기에 띄어쓰기 공간과 구두점 기호들도 포함되어야 하겠지? 그런데 기계를 이용한 통신의 경우, 정보는 전류를 통해 전달되잖아. 그러니까 이때는 전류가 통하는 경우와 안 통하는 경우, 이렇게 딱 두 가지 상태만이 가능하지. 그래서 0과 1 두 숫자를 사용하기로 한 거지. 전류가 흐를 때는 1을, 끊긴 경우에는 0을. 그래서 1과 0의 연속된 신호를 가지고 서른여섯 개 기호를 코드화한 거야. 이렇게 해서 이진법 체계가 다시 등장하게 된 거지."

아빠는 서류 뭉치들을 뒤적이더니 구겨진 종이 한 장을 꺼내 읽기 시작했다.

"*A*는 01000001이라고 적고, *B*는 010000010, 등등, 이렇게 *Z*까지 계속되는 거야. 열 개 숫자에 대해서도 마찬가지고. 이진법 체계를 이용하면 어떻게 단 두 숫자만으로 단어와 숫자를 포함한 어떤 언어의 어떤 문장이든 다 표현할 수 있는지, 이제 이해되었을 거야. 이런 방식으로 만들어진 정보는 전자 회로를 통해 엄청나게 빠른 속도로 전달되는 거지.

네가 컴퓨터 자판의 '*A*'키를 누르는 순간, 너는 강도 약에 해당하는 '0'과 강도 강의 '1'의 서로 다른 강도의 전자 감지 장치를 작동시킨 셈이 되는 거야.

그러니까 알파벳 *A*는 01000001, 즉 약강약약약약약강. 이 신호는 컴퓨터 메모리에 저장된 목록 중에서 또 다른 0과 1의 연속체를 하나 골라내게 하고, 이 새로운 신호는 컴퓨터 모니터 상의 수많은 점들 중 일부와 연결되어 문자 *A*의 모습을 그려내게 되는 거란다. 이진법은 이처럼 컴퓨터 언어로 다시 탄생해서 *CD*나 *DVD* 등에 담긴 소리와 텍스트, 영상들을 표현할 수 있게 해 주는 거야. 그리고 이렇게 해서 수를 이용한 방식으로 모든 정보가 전달되는 디지털 세상, 즉 '수의 세계'가 우리 앞에 열린 거지."

"수 이야기를 계속 해 보기로 하자. 자연수 다음에 생긴 게 분수라고 했지. 분수fraction는 '부러진'이라는 의미를 가지는 라틴어 프락투스fractus에서 유래한 말이야. 그러니까 분수는 '부러진 수'라는 의미를 가지겠지?"

"'정수whole number'라고도 불리는 자연수가 아니라서 그렇게 부르는 건가요?"

"그렇지. 분수는 예를 들어 $\frac{7}{5}$ 처럼 두 개의 자연수와 가로줄로 구성되지. 가로줄 아래에 놓이는 것은 분모, 여기서는 5분의 1, 그러니까 전체를 하나로 볼 때 그 5분의 1쪽에 해당하는 것이고, 가로줄 위쪽에 놓이는 것이 분자, 여기서는 7이 되겠지. 분수 $\frac{7}{5}$ 은 5분의 1이 일곱 개 있다는 말이 되겠지.

분수 공부를 시작하면 바로 배우게 되는 분수의 특징 중 하나가 두 분수의 값이 같을 때 나타나는 결과란다. 만일 $\frac{a}{b}=\frac{c}{d}$ 이면 $a \times d = b \times c$가 된다는 사실이지.

$$\text{예)}\quad \frac{2}{3}=\frac{4}{6},\ 2\times 6=3\times 4$$

이걸 요약해 주는 유명한 공식은? 외항의 곱은 내항의 곱과 같다. 또는 이걸 '교차형 곱'이라고도 해."

"자연수의 경우에는 덧셈은 간단한데 곱셈은 복잡하잖아요. 그런데 분수는 덧셈이 더 복잡해요. 왜 그렇죠?"

"통분이 필요하니까! 분수를 더할 때는 분모가 같은 경우가 아니면 아무렇게나 더할 수가 없는 거야. 예를 들어 $\frac{12}{7}+\frac{19}{11}$를 계산한다고 해 보자. 마음 같아서야 분모는 분모끼리, 분자는 분자끼리 $\frac{12+19}{7+11}$ 이렇게 더할 수 있으면 얼마나 간단하고 좋을까? 그런데 문제는 그게 아니라는 거지. '아무거나 서로 더하면 안 된다'는 원칙이 있으니까, 분모 7과 11을 서로 더하는 건 아무 소용도 없는 짓이거든. 분수에서는 분모가 같은 경우에만 서로 더할 수 있는 거야. 분모가 다른 두 분수가 같은 분모를 가지게 하려면 어떻게 해야 할까? 공통분모, 그러니까 7×11로 통분을 해야겠지. 그런 다음에야 분자끼리 덧셈이 가능해지는 거지.

$$\frac{12\times11}{7\times11}+\frac{19\times7}{11\times7}=\frac{132}{77}+\frac{133}{77}=\frac{265}{77}$$

그럼 곱셈은? 그야 아주 쉽지. 분자는 분자끼리, 분모는 분모끼리, $\frac{12}{7}\times\frac{19}{11}=\frac{12\times19}{7\times11}$ 이렇게 바로 곱하면 되니까. 반의반, $\frac{1}{2}\times\frac{1}{2}$, $\frac{1}{4}=\frac{1\times1}{2\times2}$, 분모의 곱 분에 분자의 곱, 이렇게 기억하면 안 잊어버릴 거야."

"분수가 두 개 있을 때 어떤 게 더 큰지를 알아맞히는 건 쉽지가 않아요."

"자연수가 두 개 있을 때는 보자마자 어떤 게 더 큰 수인지 금세 알 수 있어. 그런데 분수일 때는 그렇지가 않지. 예를 들어서

$\frac{12}{7}$ 와 $\frac{19}{11}$, 이 둘 중 어떤 게 더 큰 수인지를 말하라면 쉽지 않을 거야. 이 경우엔 계산을 해 봐야 해. $\frac{12\times11}{7\times11}$ 과, $\frac{19\times7}{11\times7}$ 이렇게 통분을 해야겠지. 자, 이제는 분자만 비교해 보면 되는 거야. 첫 번째 것은 132, 두 번째 것은 133. 그러니까 $\frac{19}{11}$ 가 $\frac{12}{7}$ 보다 더 큰 수지. 하지만 통분을 해 보기 전엔 절대 안 보이지."

$$\frac{12}{7} ? \frac{19}{11}, \frac{12\times11}{7\times11} = \frac{132}{77} < \frac{19\times7}{11\times7} = \frac{133}{77}$$

"그리스 수학자들이 초기에 해냈던 일 중 하나가 자연수를 두 부류로 나누는 것이었어. 그러니까 2로 나누어지는 수, 즉 짝수와 그렇지 않은 수, 즉 홀수로 나누어 분류하는 거였어. 이건 별거 아닌 거 같지? 그러나 그전에는 아무도 생각지 못한 일이잖아. 이 단순한 구별 덕분에 그리스인들은 무한집합을 만드는 어떤 대상들에 대한 보편적 답을 밝혀낼 수 있었어. 그야말로 '수학 연구'를 시작할 수 있게 되었단다. 짝수 P와 홀수 I, 이 두 부류의 수를 가지고 그리스인들은 단지 몇 개의 수가 아니라 모든 짝수, 모든 홀수에 관련된 연산의 답을 구해 내기 시작했어. 그들이 알고 싶어 했던 문제들 중 하나를 예로 든다면 이런 거야. 짝수 또는 홀수끼리의 쌍은 주요 연산에서 어떻게 될까? 짝수 또는 홀수라는 성질을 그대로 유지할까? 두 짝수를 서로 더하면, 그 합도 여전히 짝수인가? 덧셈에서 짝수끼리의 합, 홀수끼리의 합은 짝수 또는 홀수의 성질을 유지하는 걸까?

예를 들어 $2+4=6$, 짝수의 합은 짝수야. 그렇지만 이것만으로는 증거가 될 수 없어. 이 예가 다른 두 짝수를 골라 더했을 때 그 답도 다시 짝수가 될 거라는 사실을 보장해주는 건 아니니까. 확실히 그렇다는 걸 확인하려면 증명을 해 보이는 수밖엔 없지. 너 증명이란 게 도통 뭔지 모르겠다고 했었지? 네가 알고 있는 짝수에 대한 건 다 잊고, 이제 새로 배워보자!

증명을 하기 위해선 먼저 짝수라는 게 무엇인지를 일반 공식으로 나타낼 수 있어야 해. 짝수는 2의 배수, 그러니까 '어떤 자연수에 2를 곱한 값'에 해당하는 거니까, $2n$이라고 쓸 수 있어. 이때 n자리에는 어떤 자연수든지 올 수 있어. 이 공식을 이용하면 n자리에 가능한 모든 값을 넣어서 모든 자연수를 만들 수 있는 거지. 이제 이 식을 이용해 증명해 볼 수 있단다. 두 자연수의 합은 $2n+2n'$ 이라고 할 수 있어. 여기서 n과 n' 이라고 쓴 이유는, 만일 두 수를 똑같이 $2n$이라고 썼다면 그건 두 짝수가 같은 수라야 한다는 의미가 되니까, 내가 증명하려는 일반적 특성에 위배되기 때문이야. $2n+2n'$, 지금 이 상태로는 보이는 게 아무것도 없어. 그러니까 이제부터 나는 이 공식을 '어떤 자연수에 2를 곱한 값'임을 보여 줄 수 있는 어떤 다른 형태의 공식으로 변형시켜야 해. 인수분해*를 하는 거야. 그러면 $2n+2n'=2(n+n')$. n과 n'은 각각 자연수니까 그 합도 자연수, 그러니까 n''이라고 쓸 수 있겠지? 자, 이제 다시 써 보면 $2n+2n'=2(n+n')=2n''$. 봐! 짝수 형태, 맞지? 이렇게 해서 두 짝수의 합은 짝수라는 사실을 증명한 거야.

$$\text{짝수}+\text{짝수}=\text{짝수}$$

$$\text{왜? } 2n+2n'=2(n+n')=2n''$$

그러면 홀수는 어떨까? 방금 짝수를 가지고 했던 것처럼 홀수도 공식을 만들어야겠지? 예를 들면 짝수에 1을 더하면 홀수가 되니까, 홀수를 $(2n+1)$이라고 쓸 수 있을 거야. 증명을 향해서 앞으로 가 보자!

$$(2n+1)+(2n'+1)=2n+2n'+2=2(n+n'+1)$$

인수분해

주어진 정수 또는 다항식을 몇 개의 인수의 곱의 꼴로 변형하는 일로 예컨대,
$ac+bc+ad+bd=(a+b)(c+d)$로 되며,
좌변의 식인 $ac+bc+ad+bd$를 우변의 식 $(a+b)(c+d)$로 변형하는 것을 말한다.

그런데 n과 n'가 자연수라면 $n+n'+1$도 자연수니까 이 수를 n''라고 하자. 앞의 식을 다시 쓰면 $(2n+1)+(2n'+1)=2n+2n'+2=2(n+n'+1)=2n''$. 그러니까 답은 짝수. 따라서 두 홀수의 합은 짝수라고 말할 수 있는 거지.

$$홀수+홀수=짝수$$

$$왜?\ 2(n+1)+2(n'+1)=2(n+n'+1)=2n''$$

여기서는 홀수라는 성질이 유지되지 못했네. 그렇다고 이 결과가 별 소용이 없는 건 아니야. 두 홀수의 합이 홀수가 아니라 짝수가 된다는 결과가 나왔다고 해서 이게 덜 중요하다든가 하는 건 절대 아니란다. 만일 일반적으로 두 홀수의 합이 어떻게 되는지를 알지 못한다면, 곤란한 상황이 벌어질 수도 있을 테니까.

이제 곱셈에서는 어떻게 되는지 알아보자. 두 짝수를 곱하면, $2n\times2n'=4n\times n'$. 이 식을 잘 보이는 형태로 바꿔 보려면 2를 앞으로 끌어내야 할 거 같지? 한번 해 보자.

$4n\times n'=2(2n\times n')=2n''$. 답은 짝수.

홀수는?

$$\begin{aligned}(2n+1)\times(2n'+1)&=4nn'+2n+2n'+1\\&=2(nn'+n+n')+1\\&=2n''+1,\end{aligned}$$

따라서 답은 홀수.

짝수×짝수=짝수, 홀수×홀수=홀수.

결론적으로 짝수끼리의 또는 홀수끼리의 곱셈에서는 짝수 또는 홀수라는 성질이 그대로 유지되는 거지. 이러한 방법으로 모든 홀수와 짝수에 대한 연산 결과를 알아낼 수 있단다."

"근데, 질문이 있어요. 덧셈으로 해도 될 걸 왜 곱셈을 하는 거죠?"

"덧셈을 하지 않기 위해서 곱셈을 하는 거지. 만일 내가 2+2+2+2+2라고 적는다면 아홉 개의 기호(2를 5번, +를 4번)를 써야 해. 그런데 곱셈으로 표현하면 5×2, 기호 세 개면 되거든. 여섯 개의 기호를 절약한 셈이 되잖아."

"그럼 거듭제곱은요? 어떻게 생겨난 거죠?"

"연속된 덧셈을 곱셈으로 쓸 수 있는 것처럼, 연속된 곱셈은 거듭제곱으로 나타낼 수 있는 거란다. 예를 들어, 5×5×5라고 쓸 때는 기호를 다섯 번(5를 3번, ×을 2번) 써야 하지만 거듭제곱을 사용해서 5^3이라고 쓰면 두 개면 되잖아. 기호 세 개를 절약했어.

수로 연산을 할 때는 덧셈, 곱셈, 거듭제곱, 이렇게 세 단계가 있어. 덧셈이 연속될 때는 곱셈으로, 곱셈이 연속될 때는 거듭제곱으로 하면 되지.

그러니까 이론상으로 보면 모든 계산을 덧셈만으로 하는 게 가능할지도 모르겠어. 예를 들어,

$$
\begin{aligned}
5^3=5\times5\times5=\{(5\times5)\times5\}\\
&=(5+5+5+5+5)+(5+5+5+5+5)\\
&\quad+(5+5+5+5+5)+(5+5+5+5+5)\\
&\quad+(5+5+5+5+5)
\end{aligned}
$$

가 될 거야. 덧셈을 쓰면 괄호를 세지 않는다 해도 마흔아홉 개의 기호가 동원되잖아!! 하기야 컴퓨터는 바로 이런 방식으로 모든 걸 덧셈으로 계산한단다. 엄청나게 많은 덧셈을 순식간에 끝내 버리는 거지. 하지만 우리가 컴퓨터는 아니잖아.

분수에 대한 계산 규칙이 있었던 것처럼 거듭제곱의 계산 규칙도 있어. 이 규칙은 그냥 아무렇게나 만들어진 게 아니고 거듭제곱의 정의와 바로 연결되는 거야. 물론 여기서도 곱셈이 덧셈보다 훨씬 간단하지.

$$2^3+2^5$$

이 식은 더 이상 간단하게 만들 수가 없어. 게다가 답이 23+5인 건 절대 아니고!

왜냐면 2^3+2^5는 8+32라서 40이고, 2^{3+5}는 2^8이므로 256이

니까.

$$2^3 + 2^5 \neq 2^{3+5}$$

반대로 곱셈의 경우를 살펴보자.

$2^3 \times 2^5 = (2 \times 2 \times 2) \times (2 \times 2 \times 2 \times 2 \times 2)$이 되지.

여기서 괄호를 벗길 수 있어. 그건 자연수 곱셈의 특성 중 하나거든. 그래서 $2^3 \times 2^5 = 2 \times 2 \times 2 \times 2 \times 2 \times 2 \times 2 \times 2 = 2^8 = 2^{3+5}$이 되는 거지.

$$2^3 \times 2^5 \neq 2^{3+5}$$

이건 거듭제곱을 계산할 때 가장 중요한 기본 규칙이야. 잘 봐. 왼쪽 변의 거듭제곱끼리의 곱은, 오른쪽 변에서 지수의 합과 동일해. 공식으로 나타내면 $a^n \times a^m = a^{n+m}$이 되겠지? 이때 거듭한 수인 a를 '밑'이라고 하고, 거듭제곱한 횟수를 나타내는 n과 m을 '지수'라고 불러.

합에서 곱으로, 그리고 곱에서 합으로, 이렇게 왔다 갔다 할 수 있는 건 거듭제곱에서만 볼 수 있는 특징적인 현상이야. 덕분에 거듭제곱은 많은 이점을 가지지. 만일 밑이 같은 두 거듭제곱을 곱한다면, 각각의 지수를 합하기만 하면 돼, 그러니까 곱셈이 덧셈으로 바뀌는 거야."

$$a^n \times a^m = a^{n+m}$$

"왜 곱셈이 나눗셈보다 더 쉬운가요?"

"그건 나눗셈은 곱셈이나 덧셈처럼 바로 정의되지 않기 때문이야. 나눗셈은 곱셈을 통해 정의되기 때문에 곱셈을 거꾸로한 연산이라고도 한단다. 그래서 나눗셈을 시작할 때는 반드시 머릿속에 곱셈을 떠올려야 하는 거야. $\frac{A}{B}$는 뭘까? 그 몫이 C라고 하면 $\frac{A}{B}=C$이지? $\frac{A}{B}$와 C가 서로 같다면 양쪽 변에 B를 곱해줘도 등호가 성립할 거야. $B\times\frac{A}{B}=B\times C$, 따라서 왼쪽 변의 분자 B와 분모 B는 서로 약분되기 때문에 $A=B\times C$가 되지.

나눗셈을 한다는 건 이동하는 C라는 수를 찾는 건데, 이 C는 B와 곱해져서 A가 되는 거지."

"그러면 왜 더 어려운 나눗셈이 곱셈보다 중요하다는 거죠?"

"나눗셈에 대해 이야기하기 전에 우선 가르기부터 얘기해 보자. 어떤 수를 두 부분으로 가른다는 건 그 합이 A가 되는 두 수를 찾는 거라고 할 수 있겠지?

전체가 여섯 개일 때 이걸 두 부분으로 가른다고 해 보자. 어떻게 가르면 좋을까? 가능한 경우는 (1, 5), (2, 4), (3, 3), (4, 2), (6, 0)이 될 거야. 이 네 가지 가르기 중 단 하나 (3, 3), 그러니까 둘로 나눈 경우만이 똑같이 갈라진 경우야. 이렇게 똑같이 가르는 것, 등분하는 것을 나눗셈이라고 한단다. 두 쪽으로 똑같이, 세 쪽으로 똑같이, 이렇게 말이지.

나눗셈이 어려워서 싫다고들 생각하지만, 사실 사칙연산 중에서 가장 중요한 결과를 낳는 게 바로 나눗셈이야. 나눗셈을 할 때 나누는 수가 나눠지는 수의 약수여야만 나머지가 없이 나눠떨어져. 어떤 수의 곱은 무수히 많지만 나누는 수, 즉 약수는 몇 가지로 정해져 있어. 그리고 이들 약수는 원래의 수보다는 작거나 같지. 예를 들어 32÷□=◇에서 나머지가 없이 몫이 나누어떨어진다면, □에 올 수 있는 수는 32의 약수인 1, 2, 4, 8, 16, 32이야. 그리고 이때 ◇에 올 수 있는 수 역시 32의 약수이지. □와 ◇에 올 수 있는 수를 순서쌍으로 정리하면 (1, 32), (2, 16), (4, 8), (8, 4), (16, 2), (32, 1)이야. 그런데 순서쌍 속의 수를 곱하면 얼마가 되지? 32가 되지? 이처럼 나눗셈에서 나누는 수와 몫을 곱하면 나눠지는 수가 된다는 점에서 나눗셈은 곱셈을 거꾸로 계산한다는 정의가 나올 수 있는 거야."

"그게 소수와 무슨 관계가 있는 건가요?"

"아, 그렇지! 우리 전에 그리스인들이 2로 나누어지는 수와 그렇지 않은 수를 구분했다는 얘기했었지? 그리스인들이 했던 또 하나의 중요한 분류가 어떤 수로 나누어질 수 있는 수와 그렇지 못한 수 사이의 구별이었어. 6과 7 두 수를 비교해 보자. 6은 2와 3으로 나누어질 수 있지만 7은 전혀 나눌 수가 없어. 2, 3, 5, 7, 11, 13, 17, 19, …… 이런 수들처럼 다른 수끼리 곱해서 얻을 수 없는 수를 기본수라는 의미에서 소수素數라고 한단다. 소수는 어떤 다른 수도 약수로 가질 수도 없어. 그래서 그 자신이 어떤 다른 수의 배수도 될 수 없지.

이 소수의 발견은 수학자들이 열광할 만한 아주 중요한 결과, 즉 '모든 자연수는 소수의 곱으로 얻어질 수 있다'는 엄청난 사실을 알게 해 주었지. 그러니까 소수만 있으면 다른 모든 자연수를 얻을 수 있는 거야! 단, 1은 제외해야 할 거야.

$$2=2,\ 3=3,\ 4=2\times2,\ 5=5,\ 6=2\times3,\ 7=7,$$
$$8=2\times2\times2,\ 9=3\times3,\ 10=2\times5$$

한 집합에 속하는 몇 개의 구성 요소만으로 그 집합 전체를 구성할 수는 없을까? 모든 건 이 한 가지 생각에서 출발했다고 볼 수 있어. 삼각형만 있으면 모든 다각형을 만들 수 있다는 것처럼 말이야.

소수는 조각에 해당한다고 볼 수 있어. 곱셈으로 이 조각들을 연결하면 모든 수를 만들 수 있으니까. 모든 자연수는 소수의 곱이라고 할 수 있지. 뒤집어 말한다면, 모든 자연수는 소수로 분해될 수 있기도 해. 게다가 이런 분해는 단 한 가지 방법으로만 가능하단다. 이 방법을 우린 어떤 수의 인수분해라고 하지.

어떤 수가 소수인지 아닌지를 아는 방법은 뭘까? 자신보다 작은 어떤 수로도 절대 나누어지지 않는다는 사실을 확인하는 것! 시간이 좀 걸리는 지루한 방법이긴 하지만 답을 찾을 수 있는 확실한 방법이지.

소수의 정의는?
1과 그 수 자신으로만 나누어지는 자연수.
2, 3, 5, 7, 11, 13……

“난 이 정의가 늘 이상해요. 1로 나누어진다는 것도 이상하고, 그 수 자신으로 나누어진다는 말은 또 뭐야? 6을 예로 들어본다면, 이 수가 2와 3으로 나누어질 수 있다는 거지 1이나 6으로 나누어진다는 사실이 아니잖아요.”

“그래서 6은 1로 나누어지니?”

“그게 무슨 상관이죠?”

“내가 묻는 건 1로 나누어지느냐 아니냐는 거야.”

"나누어지죠."

"6으로는?"

"그것도 나누어져요."

"우리 천천히 한번 볼까? $A=B\times C$라면 B와 C는 A의 인수가 되는 거야. $6=2\times3$이니까 2와 3은 6의 인수겠지. 그런데 $6=6\times1$이 되니까, 앞에서 봤던 정의에 따르면 6과 1도 6의 인수지. 그게 어떤 수든 간에, 어떤 수 n은 $n\times1$이 되니까, 결국 n은 1과 그 수 자신으로 나누어질 수 있다는 거지. 그래서 소수를 '1과 그 수 자신을 제외한 다른 인수를 가지지 않는 수'라고 정의하는 거야. 이건 수학에서는 정의를 그대로 이용해야 한다는 걸 보여주는 좋은 예이지. 만일에 앞의 정의에서 '1과 그 수 자신을 제외한 다른 인수'라는 점이 확실히 밝혀져 있지 않았다면 그 정의는 잘못된 거라고 할 수 있을 거야."

"우리는 60이라는 수를 사용하는 경우가 참 많은 것 같아요. 시간, 분, 초, 다 그렇잖아요. 그리고 하루는 24시간이고, 한 다스는 열두 개예요."

"그래, 10과 12 사이에는 알력 다툼이 있었지. 12가 10에 비해 우위를 차지할 수 있었던 건 이 수가 아주 나누어지기 쉽다는 점 때문이었어. 12는 10보다 잘 나누어지잖아.

너한테 계란이 열두 개 있는데 이걸 식탁에 앉은 손님들에게 똑같이 나누어 주어야 한다고 생각해 보자. 손님이 한 명이면, 열두 개씩,두 명이면 한 명에 여섯 개씩, 세 명이면 네 개씩, 네 명이면 세 개씩, 여섯 명이면 각자 두 개씩, 열두 명이면 한 개씩이 되겠지. 그러니까 여섯 가지 경우가 가능해.

그럼 계란이 열 개라고 가정해 보자. 가능한 경우는 딱 두 가지뿐이야. 손님이 두 명인 경우 한 사람에 계란 다섯 개씩, 손님이 다섯 명인 경우 각자 계란 두 개씩. 달리 말해서 12는 인수가 1, 2, 3, 4, 6, 12, 이렇게 여섯 개이지만 10은 1, 2, 5, 10, 네 개뿐이라는 거지.

이제 100과 60을 비교해 보자. 100은 인수가 아홉 개인데, 60은 1, 2, 3, 4, 5, 6, 10, 12, 15, 20, 30, 60, 모두 열두 개야. 주목할 만한 사실은 60의 인수 중 소수가 세 개나 된다는 사실이야. 이건 대단한 거야! 100보다 작은 수, 거의 100의 반 정도밖에 안 되는 수인 60이 100보다 인수가 더 많다는 거지. 60은 정말 나눗셈의 대표선수라고 할 만하지.

자, 순환하는 시간의 경우를 살펴볼까? 60이 100보다 우세한 걸 알 수 있어. 시간의 단위는 60분, 한 시간이지. 한 시간은 30분씩 두 부분으로, 20분씩 세 부분으로, 15분씩 네 부분으로, 또

10분씩 여섯 부분으로 나누어지니까."

"수에는 점이 있는 수가 있고 그렇지 않은 수가 있어요. 뭐가 다르죠?"

"수에는 자연수와 분수, 두 종류가 있다고 했던 말 기억하지? 너도 알듯이, 자연수는 언제든 분수 형태로 바꾸어 표현할 수가 있어. 하나의 분수 형태가 아니라 여러 개의 분수 형태로 만들 수 있다고 얘기해야겠구나. 예를 들어 5를 다시 쓰면 $\frac{10}{2}$, $\frac{15}{3}$ 등등 분자가 분모보다 5배 큰 모든 분수 꼴이 가능할 거야."

"그럼 반대로 분수를 자연수로 바꿔 쓰는 건 안 되나요?"

"어떤 분수는 자연수 형태로 쓸 수 있는 것도 있어."

"방금 아빠가 얘기한 것처럼 분자가 분모의 배수인 경우가 그렇겠죠?"

"그래, 그 외에 다른 경우엔 안 되는 거지. 예를 들어 $\frac{3}{2}$과 같은 값을 가지는 자연수는 절대로 없어. 그래서 사람들은 소수전개법이라 불리는, 수를 표기하는 새로운 방법을 고안해내게 되었고, 덕분에 이제 분수의 가로줄을 없앨 수 있게 되었단다. 더 이상 분모, 분자를 나누지 않고 모든 수를 한 줄로 쓸 수 있게 된 거야. 소수점을 중심으로 왼쪽에 몇 개의 숫자들이 주어지고, 소수점 오른쪽에 다른 몇 개의 숫자들, 그러니까 소수 부분의 수가 적히는 거지. 예를 들어 155.31처럼 말이야. 이 방법이 일반화되어 모든 종류의 수를 적을 수 있게 된 거야."

"분수를 소수로 바꾸어 쓰려면 어떻게 해야 하죠?"

"아주 간단해. 분자를 분모로 나누면 되거든. $\frac{5}{4}$는 1.25라고 쓰고, $\frac{10}{3}$은 3.333…… 이라고 쓰지. 여기서 '……'은 3이 끝없이 계속된다는 걸 의미해. 또 자연수 2의 경우에는 2.0이라고 쓰지.

소수를 정의한 건 아라비아 수학자들이었지. 1325.2457, 이 수가 의미하는 건 뭘까? 먼저 자연수 부분을 나누어 보면 $1\times1000+3\times100+2\times10+5\times1$이 되고, 여기에 소수 부분 $\frac{2}{10}+\frac{4}{100}+\frac{5}{1000}+\frac{7}{10000}$이 덧붙여지겠지. 점 바로 뒤가 소수점 첫 번째 자리, 이런 식으로 말이야.

$$1325.2457=$$
$$(1\times1000)+(3\times100)+(2\times10)+(5\times1)$$
$$\frac{2}{10}+\frac{4}{100}+\frac{5}{1000}+\frac{7}{10000}$$

요약하자면 소수점 앞에 일의 자리, 십의 자리가 놓이는 것처럼, 소수점 아래로는 십분의 일의 자리, 백분의 일의 자리가 놓이는 거지."

"음수도 처음부터 있었나요?"

"아니 천만에! 음수는 아주 늦게 생긴 거야. 메소포타미아 사람들도, 이집트인들도, 고대 중국인들도, 또 그리스 수학자들조차도 음수를 사용하지 않았지."

"그럼 음수 없이 어떻게 했어요?"

"a라는 양이 있으면 b라는 양이 a이 보다 적을 때, 그러니까 $b<a$인 경우에만 a에서 b를 뺄 수 있었지. 그러니까 뺄셈에는 한계가 있었던 거지. 당시 유럽 사람들은 '없는 것보다 더 적은 양', 즉 0보다 더 적은 양이라는 생각 자체를 받아들이지 못했거든.

주어진 상황에서 어떤 문제를 푸는 게 불가능하다는 걸 깨달을 때 사람들은 그걸 가능하게 해 줄 뭔가를 만들어내려고 하겠지. 그렇지만 수를 세거나 구체적인 사물의 크기를 재거나 하는 데는 양수만으로도 충분했단다.

3에서 2를 뺄 때는 어떻게 하지? $3-2$는 2에 더했을 때 3이 되는 수와 같은 수가 될 것이고, 따라서 1이 되겠지. 지금 난 큰 수에서 작은 수를 뺐어. 그런데 작은 수에서 큰 수를 빼야 할 때는 어떻게 해야 할까? 2에서 3을 빼려면 어떻게 해야지? 오랫동안 이건 불가능한 일로 여겨졌지. 이게 가능해지기 위해서는 새로운 수, 그러니까 3에 어떤 수를 더했을 때 2가 되는 수를 만들어야만 했거든. 그게 -1이지. 실제로, $3+(-1)=2$가 되니까 $2-3=-1$이지.

0이 없었더라면 음수는 정의조차 될 수 없었을 거야. -1이 뭐지? 합이 제로가 되기 위해서 $+1$에 더해야 하는 수,

즉 $+1-1=0$. 이렇게 모든 자연수 n에는 대칭되는 수인 $-n$이 있어.

음수는 느지막이, 그것도 분수보다 훨씬 뒤에 생겨났어. 이 새로운 수를 처음 생각해 낸 건 0을 처음 만든 인도 사람들이었지. 7세기에 인도 수학자 브라흐마굽타는 재산과 빚이라는 표현을 통해 양수와 음수를 설명했단다. 그는 빚과 재산을 등록하기 위해서는 먼저 이 둘이 균형을 이룬 상태, 즉 모든 빚이 청산된 무[無]의 상태가 존재해야 한다고 생각했지. 무의 상태에서 재산을 빼가면 빚이 되는 거야. 이걸 식으로 나타내 본다면 $a>0$, $0-(+a)=-a$. 이제 무의 상태에서 빚을 빼면, $0-(-a)=+a$. 두 재산 또는 두 빚을 곱한 곱과 나눈 몫은 재산이 될 거야. 왜냐하면 $a, b>0$, $a\times b>0$, $(-a)\times(-b)>0$이거든.

또 재산에 빚을 곱한 곱이나 재산을 빚으로 나눈 몫은 빚이 되지. $a\times(-b)<0$, $\dfrac{a}{(-b)}<0$. 만일 빚을 없앤다면……."

"기부를 해야죠! 난 기부하는 게 좋아요."

"여기서 뭔가 발견한 거 없니?"

"부호의 법칙 말인가요?"

"그래. 인도 철학자들이 음수를 만들고 천 년이 지난 후에도 음수의 개념은 서양 수학계의 문을 밀고 들어가지 못했어. 15세기에도 음수는 터무니없는 수라고 불렸으니까. 저명한 수학자들 중 많은 사람들이 음수의 사용을 거부했었지. 유명한 수학자 라자르 카르노는 1802년에도 이런 말을 했어. "음수라는 걸 정말 받아들이려면 아무것도 없는 데서 무언가를 덜어내야 하는데, 그게 어떻게 가능하단 말인가?"

오늘날 음수는 더 이상 아무 문제도 되지 않아. 아이들에게 물어 봐. 아이들한테 −2라는 수가 뭐냐고 물어보면 가족들이 토요일에 쇼핑을 가면 차를 세워 두는 대형마트의 지하 2층이라고 아무렇지도 않게 대답할걸!"

"왜 공식은 모두 항등식인가요? 등식은 공식이 안 되나요?"

"식에 나타나는 변수에 어떤 값을 넣어도 언제나 등식이 형성되는 경우가 항등식이야. 중학교에서, 고등학교에서 외우라고 하는 건 다 등식이 아니라 항등식이지. 항등식은 늘 참인 식이니까.

$(a+b)^2=a^2+2ab+b^2$, 이 식은 a와 b에 어떤 값을 대입해

도 늘 참인 식이야. $(a-b)^2=a^2-2ab+b^2$도 그렇고, $(a-b)(a+b)=a^2-b^2$도 마찬가지지. 여기서 모든 항들은 2차식으로 되어 있다는 걸 주목할 필요가 있어. 그러니까 a^2, b^2, $2ab$, $-2ab$ 모두 두 수의 곱으로 된 것들이라는 말이야. $a-b$와 $a+b$는 1차식이지? 그러니까 이 둘의 곱인 $(a-b)(a+b)$은 당연히 2차식이 되지.

항등식의 예: $(a+b)^2=a^2+2ab+b^2$

$$(a-b)^2=a^2-2ab+b^2$$

$$(a-b)(a+b)=a^2-b^2$$

위 첫 번째 항등식에서 $(a+b)^2$은 $(a+b)(a+b)$ 형태의 곱인데, 이걸 세 인수의 합으로 바꾼 거지. 다시 말해서 두 수의 합의 거듭제곱은 그 두 수의 거듭제곱에 두 수를 곱한 값의 두 배를 더하면 된다고 풀어 말할 수 있을 거야. $(a-b)^2$에 대해서도 똑같은 설명이 가능해. 세 번째 항등식은 재미있는데, 그건 곱을 합으로 바꾼 경우야."

"차로 바꾼 거죠!"

"그래 차로 바꾼 거야. 두 거듭제곱 사이의 차가 되는 거지. 난 거듭제곱이 좋아."

"늘 양수가 되니까요?"

"바로 그거야. 그러니까 정보를 좀 덧붙여 말하면, 두 양수항 a^2과 b^2 간의 차라고 할 수 있지. 식에 나타난 항의 부호를 알고 있다는 건 언제나 유용하게 이용될 수 있는 정보야. 만일 수식의 경우라면 그 부호야 당연히 아는 거겠지. 반면에 알파벳 문자로 표현된 식의 경우에는 그걸 알 수가 없거든. 그런데 문자로 표현된 경우에도 부호를 확실히 알 수 있는 경우가 있긴 해. 바로 거듭제곱 a^2과 절댓값 $|a|$의 경우가 그렇지. 이땐 a에 어떤 값이 대입되더라도 상관없는 거지. $|\ |$은 a의 크기 즉, 양을 나타내는 거야. 만약 엄마가 가진 돈이 2원이고, 로라는 가진 돈은 없고 오히려 빚이 2원이 있다고 해보자. 두 사람이 가진 돈을 수로 나타내면 $+2$와 -2일 거야. 빚은 없는 것보다도 더 적은 양을 말하니까. 그런데 두 사람이 갖고 있거나 갚아야 할 돈의 양은 어떻게 해야 하지? 양이기 때문에 +이냐 −이냐는 중요하지 않아. 그저 두 사람에게 관계된 돈의 양은 2원일 뿐이지. 이처럼 절댓값 기호 $|\ |$가 있을 때엔 +, −와 같은 부호는 의미를 잃어버려. 오직 $|\ |$ 안에 있는 수의 양만 존재하는 거지. 그래서 $|2|=|-2|=2$로 같은 거지.

$A<B$ 같은 부등식의 경우에 두 항을 어떤 수 a로 곱한다고 해

봐. 어떻게 될까? 부등호의 방향은 그대로 두어도 될까? 이건 중요한 문제야. 만일 a의 부호가 어떤 것인지 모른다면 aA와 aB의 크기 관계에 대해서는 아무것도 예측을 할 수가 없어. 반면에, $a^2A<a^2B$라고 쓰는 건 가능해. 왜냐하면 부등식의 두 항에 동일한 양수를 곱하면 부등호의 방향은 바뀌지 않으니까."

"그러면 분배법칙은 뭐예요?"

"그건 덧셈과 곱셈 사이에 형성되는 규칙이야. 셈을 할 때 우리는 덧셈으로만 하거나 곱셈으로만 하는 걸 더 좋아할지도 몰라. 그런데 이 두 연산 사이의 관계를 푸는 열쇠가 바로 분배법칙이란다. 그러니까 분배법칙은 합을 곱으로 또 반대로 곱을 합으로 바꿔주는 일종의 변환기라고 할 수 있어.

$$\text{분배법칙: } (a+b)\times c=(a\times c)+(b\times c)$$

두 수의 합 $(a+b)$에 어떤 수 c를 곱한 값은 두 수 a와 b 각각에 c를 곱한 값, 즉 $a\times c$와 $b\times c$를 합한 값과 같다는 거지. $(a+b)\times c=a\times c+b\times c$. 식을 더 풀기 좋은 형태로 바꾸어준다는 점에서 분배법칙은 항등식과 비슷한 효과를 가진다고 할 수 있겠지."

오늘 너의 아기 때 사진첩을 봤어. 그땐 아빠의 도움 없인 아무것도 못하던 아기였는데, 어느새 이렇게 자라서 궁금한 것을 묻기도 하고, 못마땅한 것에 불평도 하고, 아빠에게 도전장을 내밀기도 하는구나. 참 많이 컸어. 우리 로라.

앨범에 낡은 종이가 한 장 끼어 있더구나. 그 종이에는 아주 앙증맞은 동그라미가 하나 그려져 있었어. 아빠의 기억으로는 그게 네가 처음 그린 그림이었단다. 어느 날 퇴근하고 돌아왔더니 엄마가 얼굴에 가득 기쁨을 담고는 말했지. '우리 로라가 오늘 처음 그린 그림이에요! 어찌나 동글동글하게 잘 그렸는지 보세요' 그리고 얼마 지나지 않아 삼각형도 그리고, 사각형도 그렸었지. 로라는 지금보다 어릴 때 수학을 더 좋아했었나보다. 그치? ^^

네가 그린 원, 삼각형, 사각형의 공통점이 무엇일까? '둥글다, 각이 있다' 이런 걸 묻는 게 아니란 건 알지? 바로 평면도형이라는 거야. 평면도형을 쉽게 말하면 바닥에 붙어 있는 도형이라고 할 수 있어. 바닥은 평평하지? 바닥에 붙어 있다면 그 도형도 바닥처럼 평평할 거야. 평평해

서 높이를 거의 가지지 않는 도형을 평면 도형이라고 해. 평면도형에는 원과 삼각형, 사각형, 오각형 등의 다각형이 있어.

평면도형처럼 바닥에 붙어 있지 않고 높이가 위로 올라오는 도형이 있어. 공, 상자, 깡통 같은 것을 입체도형이라고 해. '입체적이다'라는 말은 높이가 있어서 차지하는 공간이 있다는 거야. 평면도형은 바닥에 붙어 있기 때문에 넓이만 가지지만, 입체 도형은 겉넓이와 부피를 모두 가지고 있어. 입체도형에는 공 모양, 뿔 모양, 기둥 모양이 있어. 이것을 수학적인 말로는 구, 각뿔, 원뿔, 각기둥, 원기둥이라고 하지.

세상에는 평면도형보다 입체도형이 더 많이 존재해. 그것은 차원과 관련이 있기 때문이야. 우리가 살고 있는 세계는 3차원이야. 3차원이란 가로와 세로, 높이가 존재하는 것을 말해. 지금 네가 앉아 있는 곳의 바닥을 보렴. 가로와 세로가 있지? 그렇게 때문에 바닥은 넓이가 생기지. 그리고 높이가 있지? 그래서 네가 앉아 있을 수 있지. 우리가 살고 있는 세상은 3차원이기 때문에 우리가 사용하는 물건들은 거의 3차원이지.

반면에 평면은 2차원의 세계야. 네가 지난번에 그렸던 바다 속 세상 그림을 볼까? 도화지 속에는 사람도 있고, 물고기도 있고, 집도 있어. 가로, 세로, 높이가 존재하는 공간이야. 그러므로 너는 3차원 세상을 그린 거야. 하지만 네가 그린 그림은 2차원이야. 왜냐하면 도화지는 평평한 종이이기 때문이지. 사람을 표현할 때 찰흙으로 만드는 것이 도화지에 그림을 그리는 것보다 더 쉬울 거야. 찰흙으로 만드는 것은 3차원을 3차원으로 표현하는 것이므로 보이는 것 그대로 나타내면 돼. 하지만 도화지에 그린다면 3차원에 존재하는 사람을 2차원에 옮기는 것이므로 원래 모습 그대로 나타내기가 까다롭지. 도화지는 2차원인데, 도화지에 담아야 할 대상은 3차원이거든. 그래서 그림을 그릴 때 원근감과 명암을 고려해야 하는 것은 차원이 다르기 때문에 잘못 표현되는 부분을 보완하기 위해서이지.

로라가 태어나서 본 도형은 평면도형보다 입체도형이 더 많았어. 그러나 넌 입체도형보다 평면도형을 먼저 그렸지. 그 이유는 도화지가 2차원이기 때문에 3차원인 입체도형보다는 2차원인 평면도형이 더 그리기 쉬웠던 거지.

평면도형이든 입체도형이든 도형을 그릴 때에는 점, 선, 면이 사용돼. 점이 모여서 선이 되고, 여러 개의 선이 모여서 면이 만들어지지. 점, 선, 면을 이용해서 네 방에 있는 물건을 그려보는 건 어떨까? 메모지, 책받침 등은 평면도형으로, 침대, 책상, 책가방, 화장대, 옷장, 쓰레기통, 저금통 등은 입체도형으로 그리면 되겠구나. 평면도형보다 입체도형이 훨씬 많구나. 그건 우리가 살고 있는 세상이 3차원이기 때문이란 걸 이제 알겠지? ^^

평범한 2차원 vs 울퉁불퉁 3차원의 세계
기하학

"기하학의 세계에는 어떤 것들이 살고 있을까?"

"눈에 보이는 모든 것들이요."

"3 같은 수도 눈에 보이는 건데?"

"형태가 있는 모든 것들이요."

"3이라는 수도 형태가 있는 거잖아?"

"3은 쓰는 거지만 직선은 그리잖아요."

"우리 딸 멋지다! 그걸 너처럼 그렇게 표현할 수 있다는 생각은 정말 한 번도 못해 본 걸!"

아빠는 딸을 감탄 어린 눈빛으로 바라보았다. 생각지 않은 순간에 드러나는 로라의 총기는 언제나 아빠를 놀라게 했다. 내심 그는 딸이 자랑스러웠다.

“먼저 점부터 보자. 흔히들 점을 잊고 지나가곤 해. 아마도 세상에서 점보다 더 작은 건 아무것도 없으니까 그런 거겠지. 모든 도형들은 점으로, 오직 점으로만 이루어져 있기 때문에 점은 기하학 세계의 기본이라고 볼 수 있단다.

그 다음으로는 평면도형, 그러니까 원, 타원 같은 곡선도형과, 삼각형, 사각형(정사각형, 직사각형, 마름모, 평행사변형, 사다리꼴) 같은 직선도형, 또 모든 종류의 다각형들이 있겠지.

그 다음엔 공간도형, 그러니까 입체도형으로, 곡선도형에 속하는 입체의 대표 삼총사로는 구, 원기둥, 원뿔이 있고, 직선도형으로는 각뿔을 들 수 있겠구나.

그럼, 우리 가장 단순한 형태의 도형인 직선에서부터 시작해 보자. 직선의 가장 큰 특징은 뭘까?”

“직선은 똑바로 뻗어 있고…… 각진 부분이 없고……, 굽은 부분이 없고…….”

“…… 절대로 방향을 바꾸는 법 없이 앞으로 나아가고, 한 번 간 길을 되돌아오지 않는다는 것이겠지.”

"그래서 사람들이 시간은 화살이라고 하는 건가요?"

"그래, 시간은 절대로 되돌아오는 법이 없단다. 인생에서 열한 살은 딱 한 번뿐이야! 그 시절을 마음껏 누려야 해. 많은 자연현상들이 직선과 연결되어 설명될 수 있단다. 식물은 하늘을 향해 똑바로 자라고, 돌은 땅을 향해 일직선으로 떨어지지. 그리고 또 빛은 직선을 그리며 움직이잖아.

직선은 수없이 많은 점들로 이루어진단다. 그렇다면, 직선 하나를 정의하려면 그 수없이 많은 점들을 다 알아야 하는 걸까? 아니지, 단 두 개면 충분해! 그래, '두 점을 지나는 직선은 오직 하나뿐이다' 이건 기하학의 공리 중 하나지. 그러니까 두 점은 하나의 직선을 정의한다고 하는 거야. 여기서 정의한다는 게 무슨 말일까? 맞아. 두 점이 주어지면 하나의 직선이 결정된다는 거지.

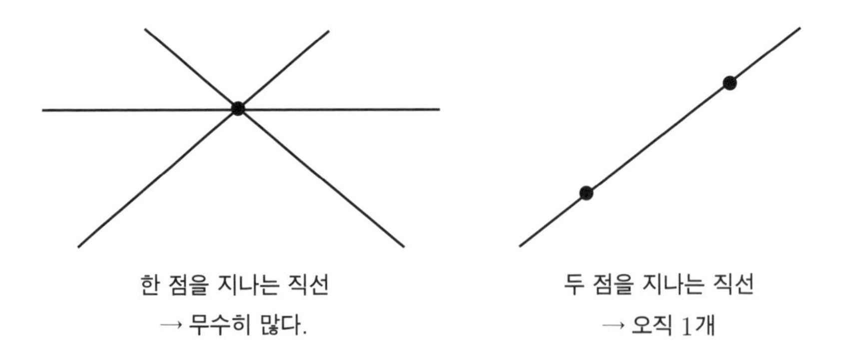

한 점을 지나는 직선
→ 무수히 많다.

두 점을 지나는 직선
→ 오직 1개

A와 B라는 두 점이 있으면, 직선 A, B를 그릴 수 있게 되는 거지. 다시 말해서 이 두 점만 있으면 그 직선상의 다른 모든 점들, 수없이 많은 점들을 몽땅 다 얻게 되는 거야!

직선이 가지고 있는 가장 멋진 성질은 두 점을 잇는 최단 거리라는 사실이야. 또한 두 끝을 연결하는 가장 빠른 방법이라는 매력도 가지고 있어. 물론 평면상에서라는 사실을 강조해야겠지만."

"강조한다는 말은 왜 붙여요?"

"왜냐하면 지금 내가 한 얘기는 기하학의 다른 공간, 예를 들어 구의 표면에서와 같은 경우에는 참이 아니거든."

"그러니까 어떤 사실이 참이라고 말할 때는 그 사실이 어떤 영역에서 참이 되는지를 함께 밝혀야 하는 거군요?"

"바로 그거야!"

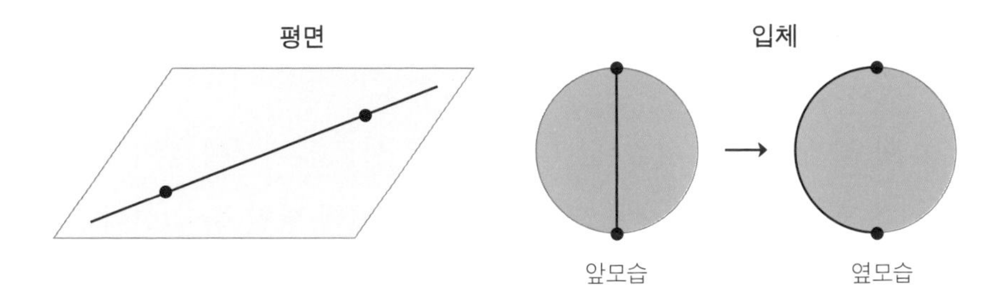

"이제 곡선으로 넘어가 보자. 직선은 굽은 부분이 없지만, 곡선은 각을 만들지 않으면서 방향을 바꾸지. 직선에 대해서 곧은 직선, 바른 직선, 이어진 직선 같은 말을 쓸 수 있다면, 곡선의 경우에는 활 모양 곡선, 볼록 곡선, 오목 곡선, 물결무늬 곡선, 둥근 곡선 등의 표현들이 있어.

두 직선 D와 D'가 있다고 하자. 그리고 이 두 직선이 두 점에서 교차한다고 가정해 보자. 그런데 조금 전에 우리는 두 점을 지나는 직선은 오직 하나뿐이라는 걸 배웠잖아. 그러니까 만일 두 직선이 두 점 또는 그 이상에서 교차한다면, 그건 이 두 직선은 서로 포개져 있다는 말이 되겠지? 다시 말해 서로 다른 두 직선이 교차한다고 하면, 그 두 직선은 분명히 단 하나의 점에서 교차하는 거야. 그래서 서로 대칭되는 다음과 같은 두 문장이 있는 거지.

'두 직선은 한 점을 정의한다.',
'두 점은 한 직선을 정의한다'

이 두 문장에서 직선과 점, 두 단어를 서로 맞바꾸어 놓아도 문장은 둘 다 그대로 참이 되는 거잖아! 그런데 만일 두 직선이 교차하지 않는다면……."

"두 직선은 평행한 거죠."

"천만에! 꼭 그런 건 아니야! 두 직선이 교차하지 않으면서, 그렇다고 평행하지도 않은 경우가 있어. 어떻게 설명하면 좋을까? 두 직선이 서로 상관없이 어떤 식으로든 비켜 지나갈 수도 있는 거야. 너 하늘에 비행기가 지나간 자리에 길게 하얀 선이 서로 교차해 있는 걸 본 적이 있지? 하마터면 큰일 날 뻔했다 싶은데 왜 아무 일 없을까? 비행기가 동일한 평면의 궤도를 날아간 게 아니니까 전혀 부딪힐 일이 없었던 거지.

두 직선은 동일한 평면상에 있을 때만 평행하다고 할 수 있어. 그래서 '두 직선은 서로 평행하지 않으면 만난다'는 말은 평면상에서만 참이 되는 말인 거야. 공간상에서의 두 직선은 서로 평행하지도 않고 만나지도 않을 수 있는 또 다른 가능성이 있는 거지. 덧붙인다면, 이것 역시 무엇인가를 밝혀 말할 때는 그 영역을 분명히 해야 할 필요성이 있다는 걸 보여주는 좋은 예라고 할 수 있지. 자, 계속해 보자.

직선 D와 D'는 동일한 평면 위에 있는 두 직선이라고 하자. 만일 이 두 직선이

- 만나지 않으면, 두 직선은 평행하다. ($D /\!/ D'$)
- 한 점에서 만나면, 두 직선은 교차한다. ($D \nparallel D'$)

- 두 점에서 만나면, 두 직선은 포개져 있고, 따라서 $D=D'$ 이라고 쓸 수 있다.

면 두 점 M과 M'은 한 직선을 결정한다. 아, 잘못 말했다!"

"왜요? 두 점 M과 M'는 하나의 직선을 정의하는 거 아닌가요? 좀 전에 그러셨잖아요."

"서로 다른 두 점이라고 했어야 하거든."

"두 점이라고 했으니까 서로 다른 두 점이잖아요."

"그래, 두 점이라고 한 건 맞아. 그렇지만 이 두 점이 같은 점이 아니라는 보장이 어디 있어?"

"그래도 같은 이름이 아니잖아요, 하나는 M이고, 다른 하나는 M'이고!"

"그래, 그렇지만 M과 M'가 같은 점을 가리키는 두 개의 다른 이름이 아니라는 법도 없지."

"그래서요?"

"만일 두 점이 서로 다른 것이라고 하고 싶으면, 그냥 조건을 달면 되는 거야. '서로 다른 두 점 M과 M'는 하나의 직선을 정의한다'라고 밝혀 말하는 거지. 그렇다면 서로 다른 세 개의 점이 있다면? 그건 세 번째 점이 어디 놓여 있는가에 따라 달라지는 거겠지. 만일 이 세 번째 점이 다른 두 점과 나란히 놓여 있다면, 이 점 때문에 달라지는 건 아무것도 없을 거야. 그 점은 이미 그려진 직선 위에 있으니까.

그런데 만일 이 점이 다른 두 점과 나란히 놓여 있지 않다면, 이 점으로 인해 모든 것이 달라지는 거지! 세 점은 하나의 삼각형을 결정하고, 또 하나의 면을 결정짓는 거니까. 나란히 놓여 있지 않은 이 점 하나로 인해서 엄청난 변화가 일어나는 거야. 직선에서 면으로 훌쩍 뛰어오른 거야. 봐, 이 점 하나로 인해 세상이 얼마나 넓어진 거니!"

"그런데요, 서로 만나는 두 직선은 몇 개의 각을 만드는 건가요? 두 개인가요, 네 개인가요?"

"솔직히 말해서, 나도 각에 관한 문제는 늘 어려웠어. 각이라는 단어는 그리스어로 팔꿈치를 뜻하는 안콘ankon과 라틴어로 모서리를 뜻하는 안구루스angulus에서 온 말이야. 오랫동안 사람들은 각을 '기울기'로 이해했었어. 그러니까 각은 한 직선이 다른 직선과 만나서 생기는 기울기라고 생각했던 거지. 물론 잘못된 건 아니야. 그렇지만 이 설명이 그렇게 명확하거나 효과적인 건 아니었어. 요즘에는 서로 만나는 두 직선은 공간을 네 개로 나눈다고 보는데, 이 공간 하나하나가 각이 되는 거지."

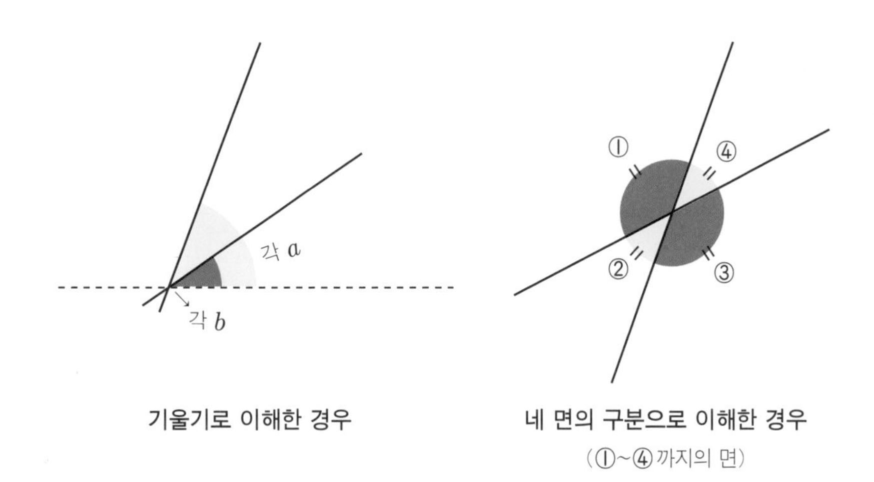

기울기로 이해한 경우

네 면의 구분으로 이해한 경우
(①~④까지의 면)

이 네 개의 각이 모두 크기가 서로 다른 건 아니야. 꼭짓점을 중심으로 마주한 각끼리는 크기가 같겠지. 따라서 두 직선이 만나면 크기가 같은 두 쌍의 각이 만들어진다고 해야겠지.

이 중 특별한 경우로 네 각의 크기가 모두 똑같은 경우가 있어. 직각의 정의가 바로 그거잖아?

'두 직선이 만나서 만들어진 네 각의 크기가 같으면,
그 각은 직각이다'

기본각, 즉 기준각인 직각을 정의할 때는 각의 크기가 몇 도라든가 몇 그레이드grade라고 하는 대신, 이렇게 네 각이 모두 같다는 특수한 기하학적 상황을 이용해 말한단다. 직각보다 작은 각

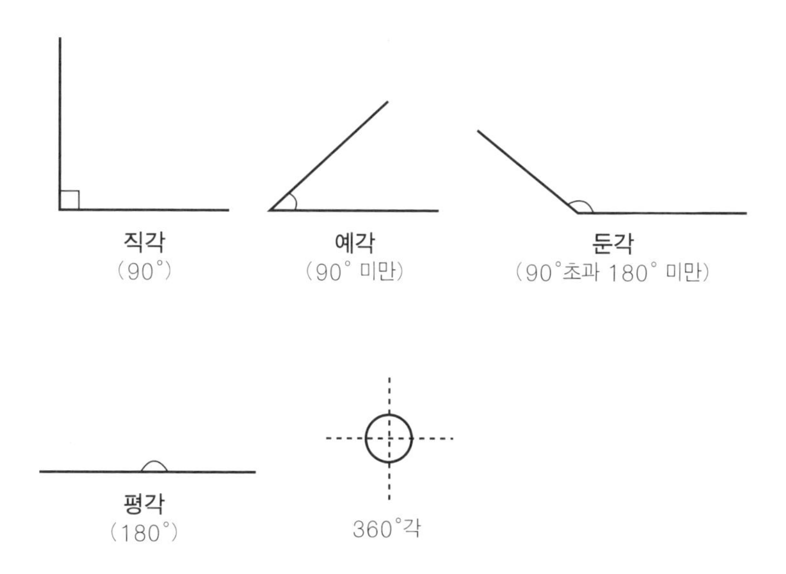

을 예각이라고 하는데, 이건 라틴어로 '뾰족한'이라는 의미를 가지는 악투스actus라는 단어에서 유래한 거야. 또 직각보다 큰 각은 둔각이라고 부르지. 그러니까 직각이 두 개 모이면 평각이 되고, 네 개 모이면 완전한 한 바퀴 회전을 이루겠지?"

"삼각형에 대해 왜 그렇게 여러 시간 공부를 하는 거죠?"

"닫힌 직선도형 중 가장 작은 게 삼각형이니까."

로라는 통 이해가 안 된다는 표정을 지었다.

"잘 들어 봐. 닫힌 공간을 만들려면 최소한 세 개의 선분이 필요해. 만일 선분이 두 개뿐이라면, 어떤 방향으로든 열려 있을 수밖에 없잖아."

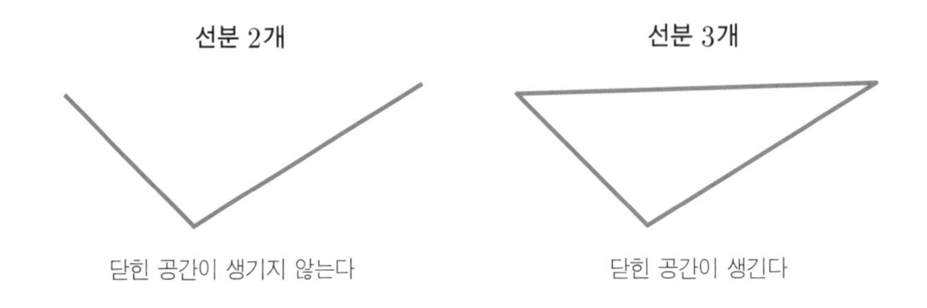

"그러니까 내가 숨어 있을 울타리를 만들려면 꼭 삼각형 모양이어야 한다는 건가요?"

"아니, 내 말은 울타리를 만들려면 최소한 세 개의 선분이 있어야 된다는 거지."

"그럼 원은요?"

"아까 말했잖아. 삼각형은 닫힌 직선도형 중에서 가장 작은 거라고! 용어를 하나라도 빠트리면 명제는 거짓이 될 수 있는 거야."

"근데 그게 중요한 문제인가요?"

"닫힌 면이냐 아니냐의 문제 말이야? 근본적인 구별 기준이 되는 거지. 삼각형, 사각형, 원 등은 닫힌 도형이지만 직선이나 포물선 등은 아니잖아. 안과 밖의 구분이 없고, 그러니까 넓이를 계산할 수 있는 영역이 정해져 있지 않은 거잖아."

"닫힌 도형들만 넓이를 잴 수 있는 거네요, 다른 경우는 안 되고요."

“만일 열린 도형의 경우라면 넓이를 어떻게 재지? 우선 열린 도형의 넓이가 뭔지를 모르잖아. 정해지지 않았으니까. 로라 넌 ‘한 각의 넓이’라는 말을 들어본 적이 있니? 아마 없을 거야. 말이 안 되는 소리니까. 그럼 다시 삼각형으로 돌아가서, 모든 삼각형의 공통점은 뭐지? 각의 합이 180°라는 거야. 이 말은 곧 삼각형은 닫힌 도형이라는 말이기도 해. 이런 기본적인 특성을 이용해서 우리는 삼각형의 두 각의 크기만 알면 다른 한 각은 그냥 알 수 있게 되는 거야. 세 각의 합이 얼마인지를 이미 알고 있으니까. 그런데 안타깝게도 선분의 경우에는 그게 안 되지. 두 변의 길이를 안다고 해서, 나머지 한 변의 길이를 끌어낼 수는 없어.

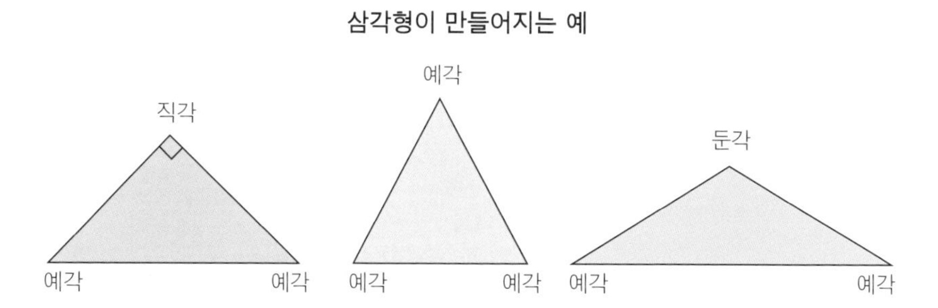

삼각형이 만들어 질 수 없는 예

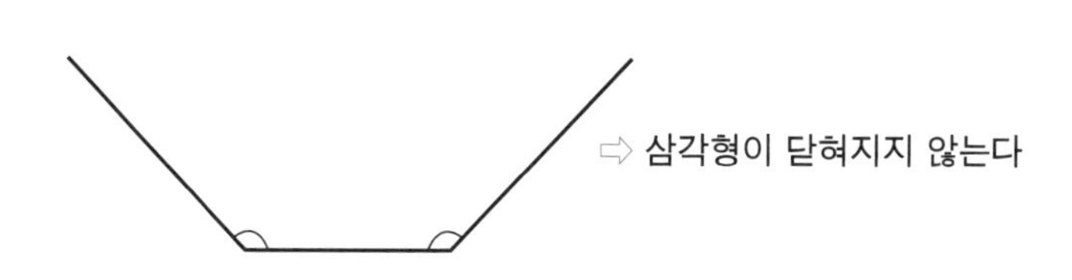

또 다른 중요한 사실은 삼각형에서 둔각은 하나뿐이라는 거야. 만일 둔각이 둘이면, 그 합이 이미 180°를 넘을 테니까! 그러니까 삼각형은 크게 두 종류로 나누어진단다. 세 개의 예각을 가진 삼각형과 하나의 둔각과 두 개의 예각을 가진 삼각형, 이렇게 두 종류 말이야. 삼각형의 세 각 중 한 각이 직각을 이루는 직각삼각형의 경우라면 나머지 두 예각의 합은 물론 90°가 되겠지.

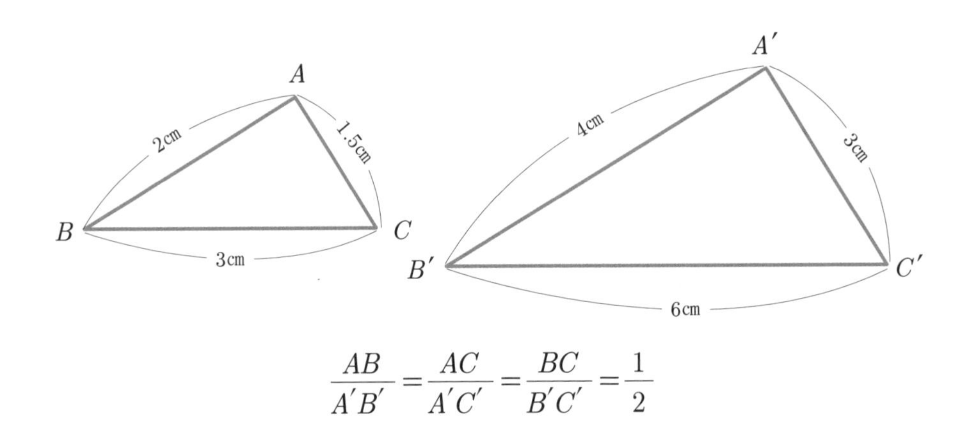

$$\frac{AB}{A'B'}=\frac{AC}{A'C'}=\frac{BC}{B'C'}=\frac{1}{2}$$

그런데 삼각형의 세 각의 크기가 주어졌다고 해서 변의 길이까지 결정되는 건 아니야. 다시 말해 각의 크기를 알면 그 삼각형이 어떤 모양의 삼각형인지를 알 수 있는 거지, 삼각형의 크기까지는 알 수 없다는 거지. 예를 들어, 형태가 같은 두 삼각형, 그러니까 각의 크기가 같은 두 닮은꼴 삼각형이 있다고 하자. 두 개의 삼각형의 변의 길이를 비율로 나타내 보면 아래와 같은 등식이 성립될 거야."

$$\frac{AB}{A'B'}=\frac{AC}{A'C'}=\frac{BC}{B'C'}$$

"그러네요. 그런데 삼각형이 왜 그렇게 중요한 거예요?"

"왜냐하면 삼각형만 있으면 모든 다각형을 다 만들 수 있으니까. 변의 수가 몇 개든 상관없이 말이야. 마름모? 크기가 같은 이등변삼각형 두 개를 밑변을 서로 붙이면 되지. 정사각형? 크기가 같은 직각이등변삼각형 두 개를 서로 빗변끼리 맞붙이면 되고. 직사각형? 크기가 같은 직각삼각형 두 개를 서로 빗변끼리 붙이면 돼. 그러니까 만일 여행을 갈 때 도형을 가지고 가야 한다면 모든 다각형을 무겁게 다 들고 갈 필요가 없겠지? 삼각형만 있으면 되니까. 오각형이 필요해? 그럼 가방에 든 삼각형을 세 개 꺼내 맞붙이기만 하면, 오각형 완성! 팔각형을 만든다고? 삼각형 여섯 개면 뚝딱 만들어지지.

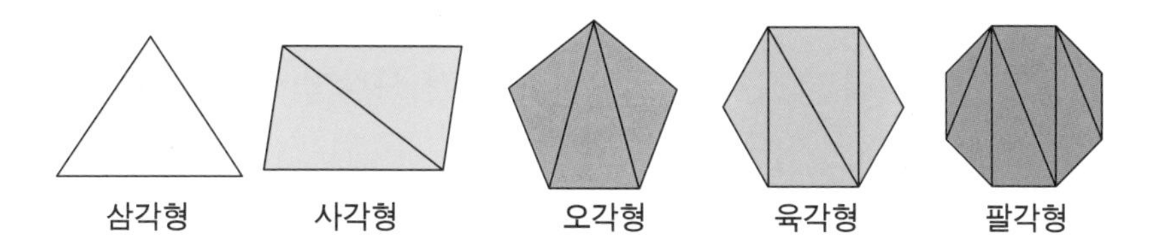

삼각형이 중요한 또 다른 이유는 삼각형의 '가시성'이야. 가시성은 한자로 可視性(가능 가可, 볼 시視, 성질 성性)이라고 써. 그래서 눈에 잘 보이는 성질을 말해. 잘 보이는 특성 때문에 삼각형이 눈에 가장 잘 띈다는 거지. 전속력으로 자동차를 몰던 운전자가 갑자기 도로 위에 붉은 삼각대가 놓인 걸 발견했어. 브레이크를 잡았지. 갓길에 트럭이 한 대 서 있었던 거야. 운전자는 간신히 사고를 면한 거지. 정사각형, 오각형, 원, 삼각형 등 여러 도형 모양을 갖다 놓고 적당한 거리를 두고 서서 어떤 것이 제일 눈에 잘 보이는지 한 번 실험해 보면 알 수 있을 거야. 위험을 알리는 도로 표지판들이 왜 모두 삼각형 모양일까? 이것 역시 삼각형이 우리 눈에 가장 잘 띄는 모양의 도형이기 때문이야. 물론 이때 삼각형은 끝이 뾰족한 예각삼각형이어야겠지. 그뿐만이 아니야. 방향을 표시할 때 사용하는 화살표도 알고 보면 선을 긋고 끝에 삼각형을 붙인 거잖아.

자, 그럼 이제 변과 면의 관계를 살펴보기로 하자. 삼각형의 각 꼭짓점은 두 변과 맞닿아 있고, 그 꼭짓점이 이루는 각은 단 하나의 을 가지게 되지. 그러니까 한 꼭짓점의 맞변이라는 말을 할 수 있어. 그렇지만 사각형은 아니야. 그건 사각형에서 각 꼭짓점은 맞닿아 있지 않은 두 개의 맞변을 가지기 때문이야.

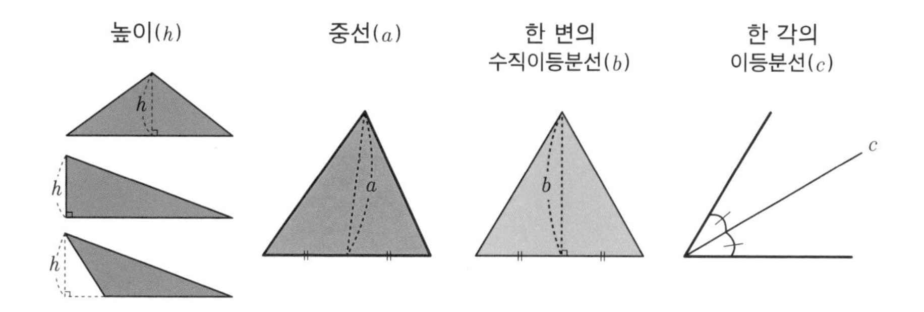

이제 삼각형을 특징짓는 몇 가지 선인 높이, 중선, 한 변의 수직이등분선, 한 각의 이등분선에 대해 정의해 보자.

높이란 한 꼭짓점에서 그 맞변에 그어 내린 수직선으로, 그 길이는 바로 꼭짓점과 맞변 사이의 거리에 해당하지. 중선은 꼭짓점과 그 맞변의 중점을 잇는 직선을 말하는 거야. 한 변의 수직이등분선이란 한 변의 중점을 지나는 수직선을 말하는 거고, 한 각의 이등분선이란 각을 반으로 나누는 반직선을 이르는 말이야.

"세 개의 높이, 세 개의 이등분선, 세 개의 수직이등분선, 세 개의 중선, 삼각형은 온통 세 개 천지네!"

"그렇게 말할 수 있지. 어쩌면 삼각형을 '삼변형'이라고 부를 수도 있었을 거야. 자, 그러면 이제 삼각형에 중선을 하나 그어 보자. 이어서 다른 꼭짓점에서 또 하나의 중선을 긋는 거야. 두 선분은 서로 만나겠지? 이제 세 번째 중선을 그어 보자. 이것도 물론 앞의 두 중선과 어디선가 만날 거야. 그런데 그게 어디일까? 바로 앞의 두 중선이 만난 점, 정확히 거기를 지나네! 이거 놀랍지 않니?

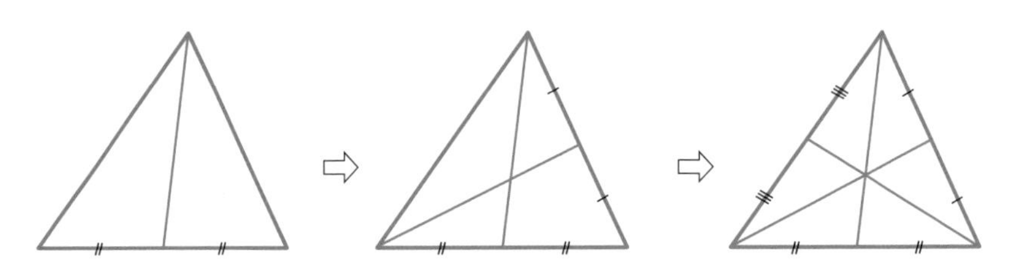

두중선으로삼각형의무게중심이결정된다

'삼각형의 세 중선은 한 점에서 만난다!' 이 대단한 사건을 어떻게 설명하지? 분명히 이유가 있을 텐데 말이야. 이럴 때 증명을 해야 하는 거야. 놀라운 사실이 있으면, 그 다음엔 증명이 필요해. 증명은 '왜 이런 놀라운 일이 생기는 걸까?'라는 질문에 대한 해답을 주거든. 증명이 성공하면 그 이유를 알게 되는 거지. 증명을 통해 이유를 안다 해도 놀라운 사실은 여전히 놀라운 거야. 단지 의문이 풀렸을 뿐인 거지."

"그래서 아까 그런 말을 한 거군요. 수학에서는 모든 것이 증명될 수 있고, 모든 수학적 현상에는 이유가 있다고."

"나뿐만 아니라 모든 수학자들이 그렇게 믿고 있어. 수학자들은 이해하고, 설명하고, 증명하는 걸 좋아하는 사람들이지. 너는 어떤 일이 생겼을 때 그것에 대해 아무런 설명도 찾을 수 없는 그런 세상이 더 좋으니?"

"모든 것이 다 설명되는 세상은 아니었으면 좋겠어요. 물론 그렇다고 아무것도 설명되지 않는 세상을 원한다는 말은 아니에요."

"설명이 된다고 해서 감탄이 사라지는 건 아니야. 의문이 풀렸어도 멋있는 건 멋있는 거니까. 어떻게 그런 현상이 생기는지를 알고 나면 감동이 더 커질 수도 있으니까. 그런데 놀랄 일이 여기서 끝난 게 아니야. 정삼각형의 경우엔 더 많은 일들이 일어나. 세 중선이 한 점에서 만난다는 놀라운 사실, 여기에 이등분선이 더해지는 거지. 이등분선도 같은 점에서 만나니까. 중선과 높이, 이 모든 선분들이 한 점에서 만난단 말이지. 모두가 함께 하나의 교점을 가진다! 이건 마치 삼각형이라는 기하학적 형태에는 자기의 모든 요소들을 끌어당겨서 한 점으로 모이게 하는 중력이 숨어 있는 거 같지 않니? 세 중선과 이등분선, 이 네 선분이 함께 만나는 점은 분명 한 삼각형에서 가장 중요한 점이야. 예를 들어, 중선이 만나는 이 점은 전략적으로 중요한 지점, 즉 삼각형의 무게 중심에 해당하거든.

실험을 하나 해 볼까? 못 위에 삼각형 모양의 철판을 하나 놓아

보자. 철판은 균형을 잃고 떨어질 거야. 그런데 이제 그 못의 위치를 정확히 삼각형의 중점으로 갖다 놓아 봐. 이번엔 철판이 떨어지지 않고 중심을 잡을 거야. 또 다른 예를 들어

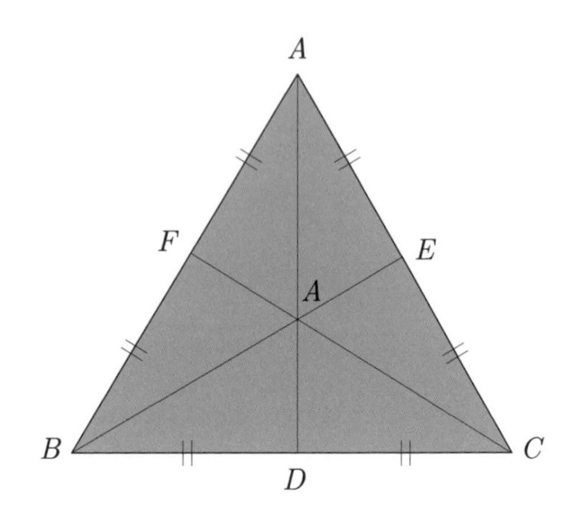

볼까? 너에게 바퀴가 셋 달린 오토바이가 있다고 생각해 봐. 그 오토바이는 안정성이 최고일 거야. 정지해 있을 때도 오토바이의 균형을 잡기 위해 운전자가 발을 땅에 내려놓을 필요가 없어. 왜냐하면 바퀴가 셋일 경우에는, 물론 일렬로 된 바퀴가 아니라면 이 세 바퀴로 삼각형이 만들어지니까. 그리고 삼각형은 균형을 이루니까. 안정성 있는 탈 것을 원한다고 꼭 바퀴가 넷이어야 하는 건 아니란 말이지."

"아, 그래서 꼬마 때 세발자전거부터 타기 시작했던 거구나!"

"그렇지, 수학은 역시 쓸모가 있지?"

"그런데 왜 삼각형에만 합동조건이 있는 거예요?"

"어떤 대상들이 모인 한 집합을 정의할 때 우선 중요한 건 과연

어떤 경우에 이 집합에 속하는 두 대상이 서로 합동이라는 말을 할 수 있느냐는 거야. 도형에서 두 대상이 서로 합동이라는 건, 즉 서로 포개질 수 있다는 말이지. 대응하는 각 성분의 크기가 같다는 말이기도 하고. 그러니까 모든 성분들을 관찰하고 비교해 보아야 할 거야. 그러다 보면 구성 성분 중 일부만 비교해 보면 되는 더 '간단한' 방법은 없을까 생각하고 찾게 되는 거지.

원의 경우를 예로 들어보자. 두 원이 합동이라는 사실을 증명하려면 그 두 원의 지름의 길이가 같다는 사실이나 원주의 길이가 같다는 사실만 증명하면 돼. 둘 중 하나만 있으면 충분해. 그야 원은 당연히 지름이나 원주로 정의되는 거니까.

원의 합동 조건은?

지름의 길이가 같은 두 원은 합동이다	or	반지름의 길이가 같은 두 원은 합동이다

그러면 삼각형은? 삼각형에는 세 각과 세 변이 있지. 그러니까 두 삼각형이 합동이라고 말하려면 여섯 개 성분의 크기를 일일이 서로 비교해 봐야 할 거야. 아니, 사실은 다섯 개구나. 두 각의 크기를 알면 나머지 한 각은 저절로 아는 거니까. 더 간단한 방법이 뭐 없을까? 물론 있지.

삼각형의 세 가지 합동 조건 중 첫 번째 조건을 보면, '대응하는 한 변의 길이가 같고, 그 양 끝 각의 크기가 같으면 두 삼각형은 합동이다'라고 했어. 한 변의 길이와 양 끝 각의 크기가 같다는 걸 보는 거니까, 다섯 개가 아니라 세 개의 성분만 비교해 보면 되는 거지. 이 합동 조건을 다시 풀어 말하면 이렇게 해석될 수도 있지.

한 변의 길이와 양 끝 각의 크기를 알 때
그릴 수 있는 삼각형은 딱 하나뿐이다.

"왜 내가 삼각형만 그리면 이등변삼각형이나 직각삼각형이 되는 걸까요?"

"그냥 네 느낌이 그럴 뿐이야. 변의 길이를 직접 재어보면 길이가 다 다르다는 걸 금세 알 수 있을 거야. 각의 크기도 마찬가지고. 일반삼각형은 변의 길이가 같다거나, 각의 크기가 같다거나, 직각이라거나 하는 특별한 성질이 없어. 그런데 수학에서 문제의 답은 언제나 주어진 대상의 성질을 이용할 때 얻을 수 있어. 그런데 대상이 일반적인 것이면 그다지 특수한 성질이 많지 않고, 그 대상을 가지고 만들 수 있는 문제도 많지 않아. 그러니까 직각삼각형, 이등변삼각형, 정삼각형, 정사각형, 마름모 같은 도형들을 더 많이 공부하는 거지.

그리스 사람들은 어떤 삼각형은 '다리의 길이가 같다'라고 표현했었지. 그래서 같다라는 뜻을 이조iso와 다리의 뜻을 가진 스켈로스skelos의 어원에서 이등변삼각형을 가리키는 단어가 생긴 거야. 그에 비해 세 변의 길이가 같지 않은 일반삼각형은 오랫동안 절뚝거리는 '부등변삼각형'이라고들 불렀단다."

삼각형의 합동 조건(≡:합동)

1) 대응하는 한 변의 길이가 같고, 그 양 끝 각의 크기가 각각 같다.

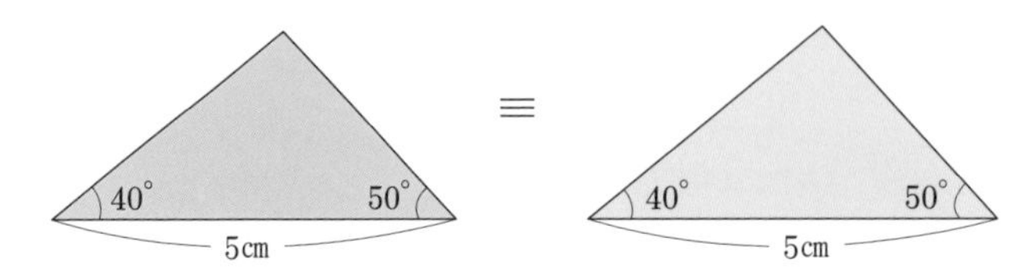

2) 대응하는 두 변의 길이가 각각 같고, 그 끼인 각의 크기가 같다.

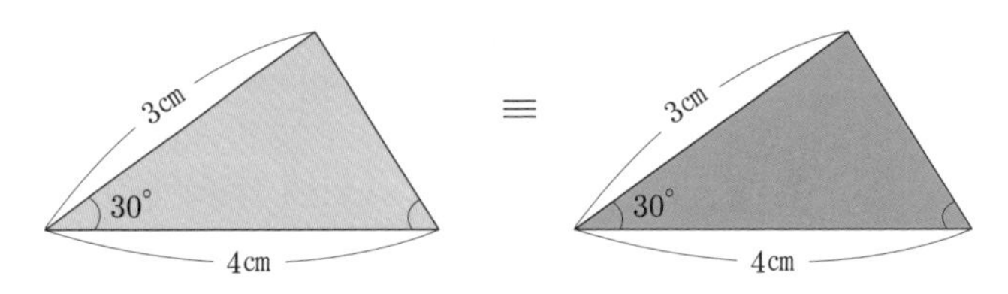

3) 대응하는 세 변의 길이가 각각 같다.

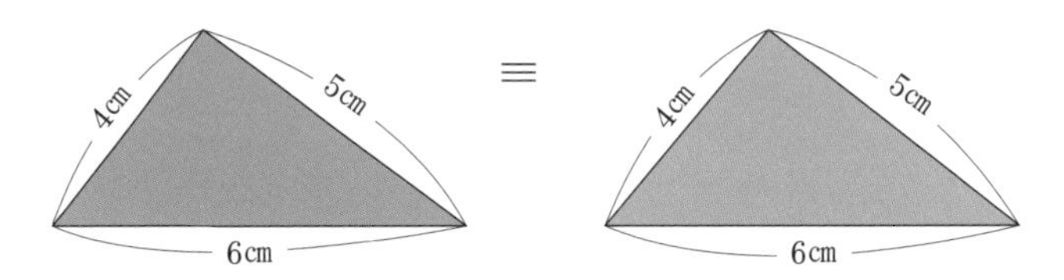

로라가 웃음을 터뜨렸다.

"절뚝거리는 삼각형에 똑바로 구르지 못하는 원에. 기하학의 세계는 정말 엉망진창이군요!"

"그래도 250년의 역사를 자랑하는 걸!

앞에서 직각삼각형과 일반삼각형, 그리고 삼각형과 다각형의 관계에 대해서 이야기했었지? 이제 다각형과 원의 관계에 대해 알아볼까?

다각형이 하나 있다고 하자. 이 다각형의 모든 꼭짓점을 지나는 원을 그릴 수 있을까? 만일 그런 원이 그려진다면, 이 다각형에 대한 외접원이라고 부르지. 외접원이란 하나의 다각형을 포함하는 가장 작은 원을 말하는 거야. 모든 삼각형에는 하나의 외접원이 그려진다는 사실은 증명해 보일 수 있어. 그것도 단 한 개의 외접원만이 가능하지. 왜 그럴까? 그야 동일한 세 개의 점, 그러니까 한 삼각형의 모든 꼭짓점을 지나는 두 개의 원은 합동을 이룬다는 사실 때문이지. 그런데 이런 원을 어떻게 그리지? 원의 중심을 어디로 잡아야 하는 걸까? 그야 물론 한 삼각형의 세 변의 수직이등분선이 만나는 점인 외심이지! 수직이등분선은 도형을 나누는 데 있어 중요한 역할을 하는 선이고. 수직이등분선이 만나는 점인 외심은 삼각형을 이루는 각 선분의 끝점에서 같은 위치

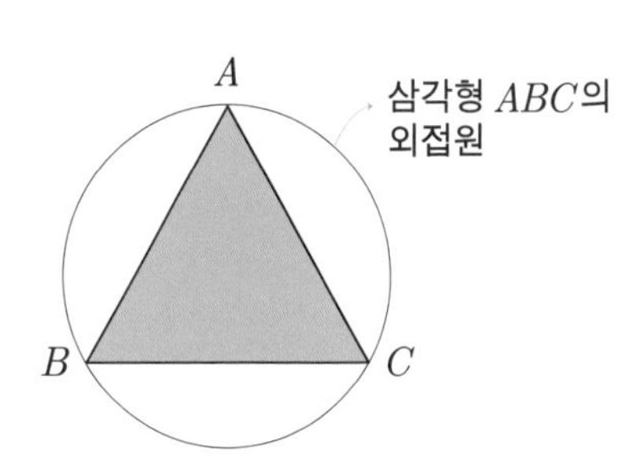

에 놓인 점이니까.

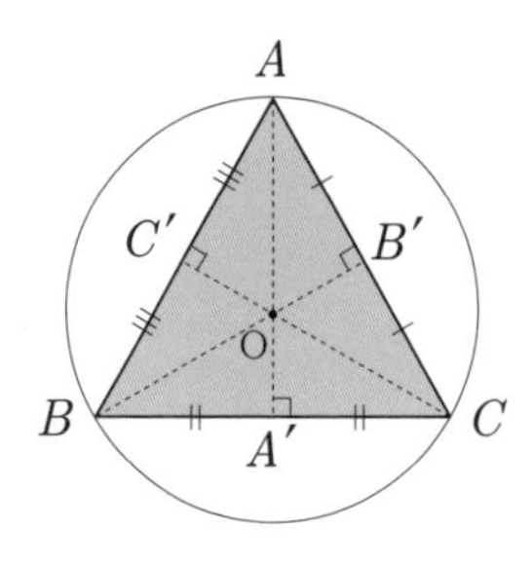

삼각형 ABC의 두 변 AB와 AC의 중점 C'과 B'에서 각 변에 세운 수직이등분선의 교점을 O라고 하자. O에서 BC에 내린 수선의 발을 A'라고 해 보자. O는 AB의 수직이등분선 위에 있는 점이니까 $OA=OB$지? 마찬가지로 $OA=OC$. 따라서 $OB=OC$. 점 O는 삼각형 ABC의 세 꼭짓점에서 같은 위치에 놓인 점이니까 O를 중심으로 점 ABC를 지나는 원을 하나 그릴 수 있겠지? 이 원을 삼각형 ABC의 외접원이라고 하는 거야."

"변이 네 개인 사변형들도 모두 외접원이 있나요?"

"아니, 그렇지 않아. 정사각형과 직사각형에는 외심원이 있지만 마름모꼴이나 평행사변형, 또 다른 모양의 사각형에는 외접원을 그릴 수 없단다. 사각형의 경우에 외접원이 있다는 건 곧 그 사각형이 내접 사각형이라는 걸 알려주는 유용한 성질이지."

"삼각형이 온통 세 개였던 것처럼 사각형은 온통 네 개 천지가 되겠네?"

"아니, 그렇지 않아. 사각형에는 변이 네 개, 각이 네 개, 꼭짓점이 네 개씩 있는 건 맞지만, 대각선은 두 개뿐이잖아. 앞에서 아빠가 사각형은 무조건 삼각형 두 개로 만들어질 수 있다고 했던 말 기억하지? 삼각형의 세 각을 합하면 180°가 되니까 사각형의 네 각의 합은 360°, 그러니까 직각이 네 개 모인 거지.

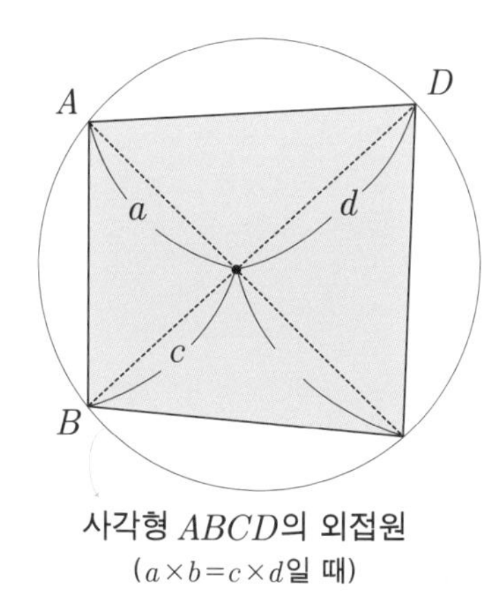

사각형 $ABCD$의 외접원
($a \times b = c \times d$일 때)

삼각형을 몇 가지 성질에 따라서 나누어 보았던 것처럼, 이제 사각형을 다음 세 가지 기준을 가지고 나누어 보기로 하자.

1) 직각이 있는가, 없는가.
2) 길이가 같은 맞변이 있는가, 없는가.
3) 평행한 맞변이 있는가, 없는가.

네 변의 길이가 같은 사각형은? 마름모, 정사각형.
네 변의 길이가 같고 네 각의 크기가 같은 사각형은? 정사각형.
맞각이 직각이고 맞변의 길이가 같은 사각형은? 직사각형.
맞변의 길이가 같은 사각형은? 평행사변형, 마름모, 정사각형
한 쌍의 맞변만이 평행한 사각형은? 사다리꼴.

사다리꼴은 사각형 중 가장 단순한 형태지. 단 한 가지 정보, 한 쌍의 맞변이 평행한지를 알면 사다리꼴을 정의할 수 있고, 그 사다리꼴에 관한 모든 것을 아는 셈이 되는 거야. 평행사변형의 경우에는 두 쌍의 맞변이 평행이라는 두 가지 정보가 필요하고, 정사각형을 정의하기 위해서는 역시 두 가지 정보, 그러니까 네 변의 길이가 같고 네 각의 크기가 같다는 정보가 필요해."

"대칭이라는 말은 왜 중요하죠?"

"대칭이란 어떤 축이나 중심을 기준으로 반사 또는 회전을 시켰을 때 포개지는 성질을 가져. 만일 한 도형이 대칭이면 그 도형의 한 쪽만으로도 다른 쪽까지 다 그릴 수 있으니까. 한 부분만으로 모든 걸 얻는 거지. 대칭이라는 건 기하학적 개념이고, 수에서는 대칭이라는 말을 쓰지 않아. 대칭에는 한 직선을 중심으로 하는 선대칭과 한 점을 중심으로 하는 점대칭의 두 종류가 있어.

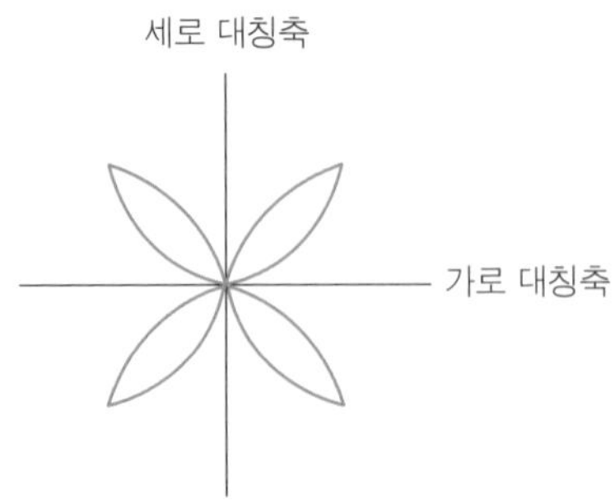

두 직선에서 모두 선대칭을 이루므로,
이 도형은 두 직선의 교점을 중심으로 하는 점대칭 도형이 된다.

이 두 대칭 형태는 사실 서로 연관되어 있어. 만일 한 도형이 두 직선에 대해 대칭이라면, 그 도형은 이 두 직선이 만나는 점을 중심으로 한 점대칭 도형이라고 할 수 있는 거니까.

이등변삼각형은 그 높이 중 하나에 대해 대칭을 이루는 거지. 정삼각형은 세 개의 높이 모두에 대해 선대칭이며, 따라서 이 세 높이가 만나는 교점을 중심으로 점대칭이라고 할 수도 있는 거지. 정사각형과 마름모는 대각선을 중심으로 대칭을 이루는 경우야. 그리고 원은 모든 지름을 중심으로, 따라서 원의 중심에서 모든 방향으로 대칭을 이룬다고 할 수 있어. 그러니 원이야말로 대칭 형태의 꽃이라고 할 만하지! 그러므로 원은 원의 중심을 기준으로 하면 점대칭 도형이고, 원의 지름을 기준으로 하면 선대칭 도형이 된단다.

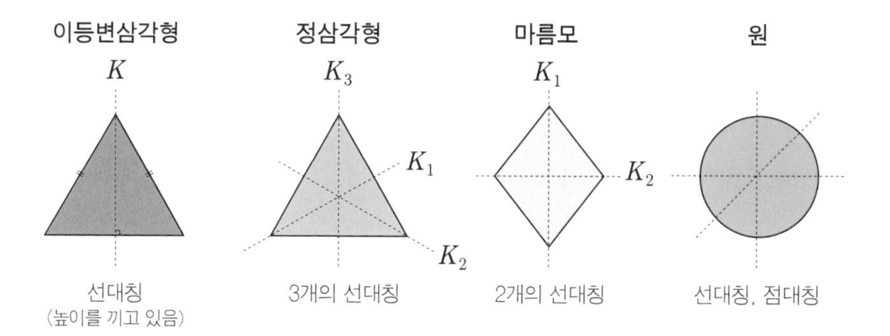

너 두 팀 또는 두 명의 선수가 서로 맞붙는 모든 운동 경기장은 중간 라인을 중심으로 대칭을 이룬다는 거 알고 있지? 축구, 핸드볼, 럭비, 테니스, 배구, 탁구 등 모두 다 그렇잖아. 왜 그럴까? 두 팀이 똑같은 경기장을 쓸 수 있도록 하기 위해서 그런 거야. 경기장 바닥상태, 골대나 네트의 위치 등에서 어떤 팀도 더 유리하지 않도록 말이야."

"π라는 숫자는 어디에 쓰는 거예요?"

"숫자라고?"

"아, 맞아요, π라는 수라고 해야겠죠."

"π는 원이 무엇인지, 그러니까 원의 성질을 알려주는 수라고 할 수 있어."

"π는 언제 발견한 거죠?"

"아주 먼 옛날부터 수학자들은 모든 원들이 그 크기에 상관없이 한 가지 공통점이 있다는 걸 알아차렸어. 그건 바로 원의 지름과 원의 둘레 사이의 관계였단다. 이 두 수 사이의 관계는 원의 크기와는 상관없이 항상 일정한 비율을 가졌어. 고대 문헌에 나타난 걸 보면 유대인들은 성경에서 그 값을 3이라고 했고, 바빌로니아인들은 $3+\frac{1}{8}$, 그러니까 3.125라고 했고, 또 기원

전 16세기의 이집트 사람들은 $\left(\frac{16}{9}\right)^2$=3.160이라고 했었어. 기원전 250년에 고대 그리스 수학자인 아르키메데스는 이 값이 3.1408과 3.1429 사이에 들어 있다고 보았고, 세기 초 중국인들은 3.162, 기원 후 3세기 인도에서는 3.1416이라고 했었어.

원을 특징짓는 성질은 두 가지인데, 그건 원의 둘레와 지름이야. 이 두 길이 사이의 관계는 원의 크기에 상관없이 늘 일정하단다. 한참 후에 서양에서는 이처럼 원을 이루는 원주와 직선에 해당하는 지름 사이의 관계를 그리스어로 둘레를 뜻하는 단어인 '페리페레이아'에서 따온 그리스 문자 'π'로 부르게 되었어. 원의 둘레와 지름 사이의 관계가 말하는 것은 원은 모두 닮은꼴이라는 거야. 크기만 뺀다면, 세상에는 딱 한 종류의 원밖에 없어. 삼각형이나 사각형의 경우에는 그렇지 않은데 말이야. 삼각형이나 사각형이 모두 닮은꼴이고 같은 모양인 건 아니잖아."

"그래서 π는 정확히 얼마예요?"

"정확히? 로라야, 문젠 바로 그거야. 네가 'π의 값은 얼마예요?'라고 물으면 난 'π의 정확한 값은 π지!'라고 대답할 수밖에 없어.

로라가 뾰로통해졌다.

"그런 눈으로 보지 마. 그게 옳은 답이니까."

“그러면 $\frac{22}{7}$는 뭐예요?”

“만일 π가 $\frac{22}{7}$라면 그냥 $\frac{22}{7}$라고 하지 뭐 하러 굳이 어려운 그리스 문자를 갖다 썼겠니? 다른 예를 들어 얘기해 보자. 만일

네가 1을 3으로 나눈 값이 얼마인지를 알고 싶어서 나누기를 해 봤더니 답이 0.333333…… 이란 말이야. 네가 원하는 만큼 3을 반복해서 계속 붙일 수는 있지만, 그게 절대로 딱 떨어지는 정확한 값이 되는 건 아니잖아. π 역시 십진법 수로, 그리고 또 분수로도 절대 정확히 떨어지게 쓸 수 없어. 증명도 물론 해 봤고. 점점 더 가까운 숫자로 다가갈 수 있게 된 것은 사실이야. π가 소수점 아래 1조 2만 4천 100억 자리까지 계산되었거든. 하지만 여전히 ‘π의 값은 얼마예요?’라고 물으면, ‘π의 정확한 값은 π야’라고 대답하는 게 가장 옳은 답인 거야.

학교 운동장을 조용히 산책한다고 해 보자. 운동장을 가로질러 가는 대신 크게 한 바퀴 돌아보기로 했다면 얼마나 더 걸은 걸까? 너는 $\frac{\pi}{2}$배만큼 더 걸었다고 할 수 있지. π를 약 3.14라고 한다면 $\frac{\pi}{2}$는 3.14의 반이므로 약 1.57배를 더 걸은 거지!

너 아까 수학자들이 흥미 있어 하는 게 뭔지 물었었지? 자, 그건 수학자들의 연구 대상이 되어 온 중요한 문제들 중 하나이기도 하고, 또 우리도 생활하다 보면 자주 궁금해지는 문제인데. 어

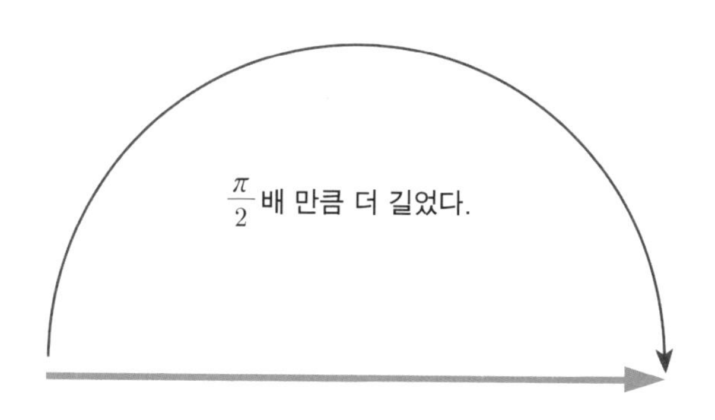

떤 요구 조건을 만족시키는 가장 작은 대상과 또 가장 큰 대상이 무엇인가 하는 것의 문제란다.

예를 들어 내가 어떤 둘레 값을 하나 가졌다고 해 보자. 이런 질문이 가능할 거야. 이 둘레 값을 가진 도형 중 어떤 도형의 넓이가 가장 클까? 증명된 바에 따르면, 그건 원이야. 둘레가 같을 때 최대의 면적을 감싸는 것은 바로 원이라는 거지. 이런 지식은 매우 유용하게 쓰일 수 있단다.

만일 네가 소를 키울 목장을 만들어야 하는데, 울타리로 쓸 재료의 길이는 정해져 있다고 해 봐. 최대한 넓은 풀밭에 소를 풀어놓고 싶다면 너는 울타리를 원형으로 치는 게 좋을 거야. 정삼각형이나 정사각형 같은 다른 도형 모양으로 울타리를 만든다면 목장의 면적은 그만큼 줄어들 거니까. 네가 목장을 정사각형 모양으로 만들었다면 원형으로 만들 때보다 0.786배 면적이 줄어든

셈이 될 것이고, 결과적으로 네 소는 맛있는 풀을 21% 이상 뺏긴 셈이 된다는 거지."

"피타고라스의 정리는 왜 중요한 거예요?"

"그건 피타고라스 정리가 아마도 수학 역사상 가장 먼저 이루어진 정리 중 하나이기 때문일 거야. 이미 메소포타미아 시대와 이집트 시대의 사람들은 어떤 세 수의 제곱 사이에는 신기한 관계가 형성된다는 사실을 알아챘었던 것 같아. 그건 바로 '3, 4, 5'와 같은 세 수의 관계에서 나온 사실로, 3과 4를 각각 제곱하여 더하면 5를 제곱한 값과 같다는 것이란다.

$$3^2+4^2=5^2$$

(5;12;13), (6;8;10), (8;15;17), (12;16;20) 모두 그런 관계를 보이는 세 수의 쌍들이지.

나중에, 삼각형의 세 변이 이런 관계를 이루면 그 삼각형은 직각삼각형이라는 사실이 증명되었단다. 이 사실을 처음 증명한 사람이 피타고라스라고 해서 '피타고라스의 정리'라는 이름이 붙여진 거야. 삼각형은 그 세 변의 길이 사이에 다음 관계가 성립하면, 또 이 관계가 성립할 때만 직각삼각형이 되는 거야.

$$a^2+b^2=c^2$$

피타고라스의 정리 증명 방법

직각삼각형에서 직각과 마주한 두 변의 제곱의 합은 빗변의 제곱과 같다.

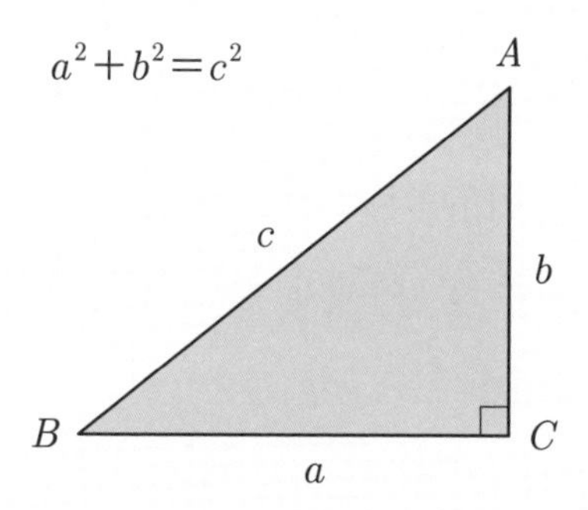

바깥 사각형의 넓이는 $(b+c)^2$

노란색으로 색칠된 삼각형 4개의 넓이는 $2bc$

안의 흰색 사각형의 넓이는 a^2

따라서 $(b+c)^2-2bc=a^2$

$b^2+c^2=a^2$

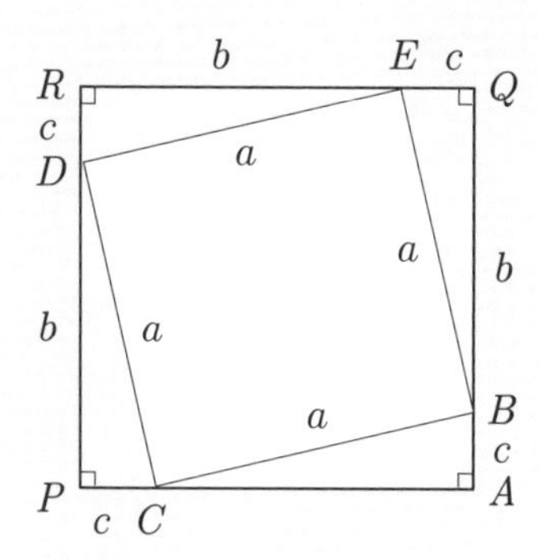

따라서 세 수 중 두 수의 제곱의 합이 나머지 한 수의 제곱과 값이 같아지는 세 수를 가지면 언제나 직각삼각형을 만들 수 있어. 세 수 간의 이런 관계는 직각을 만드는 데 이용될 수도 있지. 또 피타고라스 정리를 이용해 길이를 계산하는 것도 가능해.

자, 그러니까 삼각형에서 한 각이 직각이고 두변의 길이가 얼마인지를 알고 있다면, 피타고라스의 정리를 이용해 나머지 한 변의 길이를 쉽게 얻을 수 있는 거지. 우리 생활에서도 이런 관계가 적용되는 예는 참 많단다."

아빤 어제 네가 한 질문이 하도 신기해서 어떻게 답해야 할지 조금 고민을 했단다. 2=3이 왜 안 되냐고 물었었지? 2도 숫자이고, 3도 숫자이니 '숫자=숫자'이므로 2=3이 성립된다는 너의 증명에 아빠는 조금 당황했었어. 2와 3이 숫자라는 점이 같긴 해. 하지만 수학에서 등호는 종류를 따질 때에 사용하는 것이 아니란다. 그렇다면 $x+2=3$이라고 쓸 수도 없지. 왼쪽 변은 문자와 숫자의 합인데 오른쪽 변은 숫자니까. 등호는 종류가 아니라 양의 크기가 같을 때에 쓰는 것이야. 수학에서 '='는 양, 크기가 같다는 의미야.

등식처럼 식에 관련된 수학 내용을 '대수학'이라고 불러. 대수학 중에서도 등호 또는 부등호와 관련된 식은 잘 기억해 두렴. 네가 학년이 올라가면서 계속 나올 내용이기 때문이란다. 등호를 사용하는 대표적인 식에는 등식, 항등식, 방정식이 있어.

등식은 왼쪽 변과 오른쪽 변이 모두 수로 구성된 식이야. 예를 들어, $2+5=7$ 또는 $3\times4=12$는 왼쪽 변과 오른쪽 변이 모두 숫자로 되어 있기 때문에 등식이라고 한단다.

방정식은 왼쪽 변 또는 오른쪽 변에 미지수가 들어 있는 등식을 말해. 미지수란 어떤 숫자인지 명확하게 알지 못하기 때문에 숫자로 표현할 수 없어 문자로 나타내지. 미지수를 나타내는 대표적인 문자로 'x'를 쓴단다. $2x+5=9$를 볼래? 왼쪽 변에는 x라는 미지수가 사용되었고, 오른쪽은 수로만 되어 있지? 그러므로 이 식은 방정식이야. 그럼 x에 어떤 수가 들어가야 이 식이 성립할까? $2x+5$를 계산한 값이 9가 되려면 x에는 2가 들어가야겠지? 따라서 x의 값은 2야. 이때 2를 이 방정식의 '해', 또는 '근'이라고 불러. 방정식을 푼다는 것은 방정식에 사용된 미지수 x에 알맞은 해나 근을 구하는 것을 말한단다.

$2x+5=9$는 x가 2일 때 성립했지? 이 식은 미지수가 2라는 특정한 경우에서만 성립하는 등식이야. 하지만 미지수가 어떤 수가 되더라도 성립하는 등식도 있어. $x\times0=0$이라는 식을 살펴보렴. 어떤 수든 0을 곱하면 그 값은 0이야. 1×0, 2×0, 100×0도 모두 0이지. 0

을 곱하여 0이 되지 않는 수는 어디에도 존재하지 않아. 그렇기 때문에 $x\times0=0$에서 x에는 어떤 수가 들어가더라도 0이 되는 거지. 그러므로 $x\times0=0$은 항상 성립할 수밖에 없고, 이렇게 어떤 수를 넣더라도 성립하는 식을 '항등식'이라고 한단다. 방정식에서 해가 모든 수가 되는 경우에는 항등식이 되는 거지.

지금까지 아빠가 설명한 등식, 방정식, 항등식이 이해되니? 그럼 $2+5=7$, $2x+5=9$, $x-0=5$의 공통점이 무엇일까? 왼쪽 변이 모두 덧셈이나 뺄셈으로 되어 있다는 거야. 등식에서 왼쪽이든 오른쪽이든 덧셈이나 뺄셈으로 만들어진 식을 다항식이라고 해. 반면에 $3\times b=3$, $2\times c\div d=8$과 같이 곱셈이나 나눗셈으로 만들어진 식은 단항식이란다. 단항식에서 곱셈과 나눗셈의 기호는 생략할 수 있어. 그래서 $3\times b$, $2\times c\div d$를 간단히 $3b$라고 나타낼 수 있단다.

다항식을 단항식으로 바꾸는 것을 인수분해라고 해. 인수분해라는 말을 참 많이 들어봤지? 간단히 말해 덧셈과 뺄셈으로 이어져 있는 식을 곱셈과 나눗셈으로 변환시키는 거란다. 인수분해를 잘하려면 곱셈

공식을 외워야 해. 그래서 우리 로라처럼 암기하는 걸 싫어하는 친구들은 어려워하는 내용이기도 하지.

하지만 세상에 쉬운 일이 어디 있니? 자전거를 타기 위해서도 자전거를 타는 방법을 연습해야 하듯이 인수분해를 잘하려면 곱셈공식을 암기하고, 그것을 바탕으로 여러 번 반복하여 풀어봐야 한단다. 귀찮고 어렵다고 주저하지 말고, 조금씩 조금씩, 하루에 몇 개씩이라도 곱셈공식들을 외워 보렴.^^

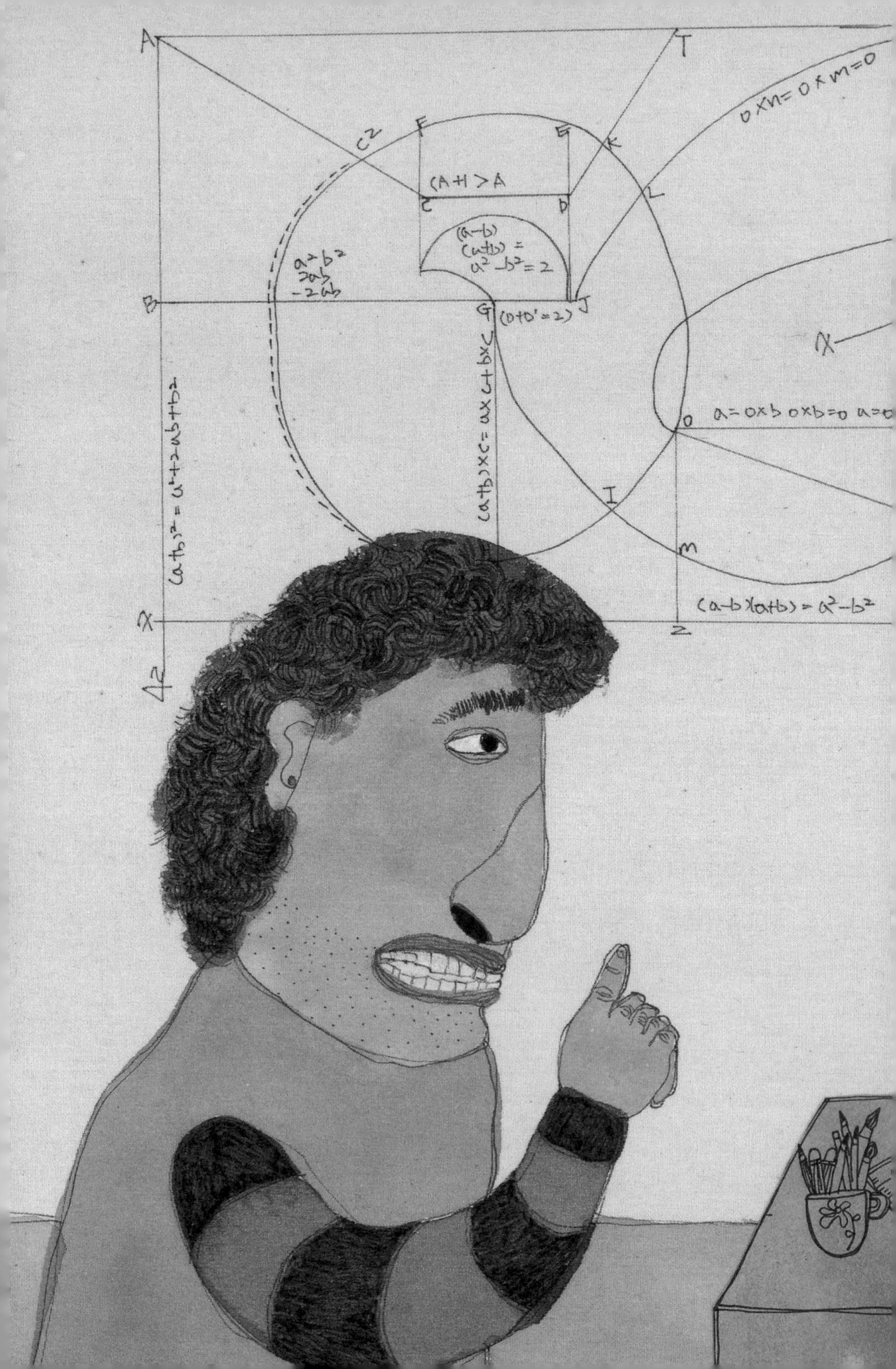

A
T
0×n=0×m=0
F
E
K
(A+1 > A
C
D
L
(a−b)
(a+b) =
a²−b²=2
B
G
(0+0'=2)
J
(a+b)²=a²+2ab+b²
(a+b)×c=a×c+b×c
0
a=0×b 0×b=0 a=0
I
M
(a−b)(a+b)=a²−b²
X
Z

미지수 x를 찾아라
대수학

"왜 '미지수 inconnue x가 있다고 하자'라고 하는 거죠?"

"그건 x가 바로 우리가 몰라서 찾으려고 하는……."

"그건 벌써 알아요. 그게 아니라 내 말은 왜 미지수라는 프랑스어 단어가 여성형이냐는 거죠."

"그건 나도 모르겠는걸! 아마도 여자들이 더 비밀스럽고, 신비하고, 속을 알아내기가 어렵고……."

"그리고 또 여자들이 늘 문제니까, 그 말씀이죠?"

"너 지금 괜히 말꼬리 잡는 거지?"

"네."

"그렇게 아빠를 놀리면 재밌니?

자, 들어봐. 어떤 대상에 대해 그것이 무엇인지 그 정체를 알아보려고 할 때는 무엇보다도 먼저 그 대상에 이름을 붙여 부를 수 있어야 해. 만일 이름이 없으면 그 대상을 네가 마음대로 다룰 수가 없고, 그러니 거기에 대해 더 파고들 수도 없는 거잖아. 그러면 어떻게 해야 할까? 거기다 이미 알려진 수의 이름을 붙여 볼까? 예를 들어 8이라고 해 보자. 그건 말도 안 되는 짓이겠지? 만일에 미지수는 8과 같다고 미리 정하고 시작한다면, 그건 분명 엉터리 같은 짓이 될 거야. 시작도 해 보기 전에 문제는 이미 잘못 풀린 게 되니까.

그런데 만일 미지수에 x라는 이름을 임시로 붙여 본다면, 모든 수들이 네가 찾는 미지수의 후보가 될 수 있어. 그러면 답을 찾을 수 있는 범위는 훨씬 넓어져. 이 임시 이름 덕분에 너는 머리를 굴려 계산을 하고 과연 그 미지수의 정체가 무엇인지 밝혀내는 일을 해나갈 수 있게 돼.

'미지수未知數는 한자어인데, 뜻풀이를 하면 아니다 미, 안다 지, 숫자 수야. 즉 아직 알지 못하는 수를 말하는 거야. 미지수 x라는 이름은 그 미지수가 무엇인지를 알아낼 때까지 잠시만 붙여 두는 거야. 네가 찾고자 했던 대상이 무엇인지가 밝혀지고 나면, 이제 미지수는 빌려 쓰던 이름을 버리고 네가 찾아낸 진짜 이름으로 불릴 수 있으니까 말이야.

탐정 소설을 보면 수상한 사람을 말할 때 범죄자, 살인자, 용의자라고 하거나, 아니면 가끔은 x 씨, x 양이라고 하잖아. 그러다가 범죄자, 살인자가 누구인지 신원이 밝혀지면 수사는 막을 내리겠지?

수학 문제를 푸는 과정과 범죄 수사 과정 또 과학적 탐구 과정 사이에는 비슷한 점이 아주 많단다. 여러 가지 상황적인 증거와 자료들, 실마리가 있을 테고, 잘못된 단서들도 있을 수 있고, 일이 잘 진행되는 되는 듯 느낄 때는 흥분에 휩싸이고, 그렇지 않을 때는 좌절감을 맛본다는 점도 비슷하지. 또 모든 것이 분명하게 드러나서 무슨 일이 일어나는지, 또는 일어났는지를 누구든지 이해할 수 있게 확실하고 분명한 설명을 찾으려고 한다는 점도 그렇고, 그런 설명에 대해 증거를 보여줄 수 있다는 점도 비슷한 점이야."

"등식과 방정식은 어떻게 다른가요?"

"간단히 말해 방정식은 미지수가 사용되는 등식이야. 예를 들자면, $\frac{75}{3}=25$는 등식이고, $\frac{75}{3}-x=0$은 방정식이야. 만일 $\frac{75}{3}-25$라거나 $\frac{75}{3}-x$라고 쓰여 있다면, 이건 등식도 아니고 방정식도 아니야. 그냥 $x-y$ 형태의 식이라고밖엔 말할 수 없지.

등식이란 등호 표시 =과 알려진 수(기지수)로 이루어진 수학식을 말하는 거야. 등식에 대해서는 딱 한 가지 질문만이 가능해. 이 등식은 참일까 거짓일까? 예를 들어 $\frac{75}{3}=25$, 이 등식은 참이야. 그런데 $\frac{12}{7}=\frac{19}{11}$, 이 등식은 거짓이지. 이유는? 조금 전에 설명했지?"

"등식이면 당연 참이라야죠!"

"그런데 그게 아니거든! 등식의 정의가 뭐였지?"

등식은 등호 표시 =과 알려진 수로
이루어진 수학식이다.

"그러면 방정식은? 방정식은 $2\times x+3=7$처럼 등호 표시 =과 알려진 수, 그리고 또 미지수로 나타내어진 수학식이지. 방정식에 대해서는 그게 참이라고도 거짓이라고도 말할 수가 없어. 방정식은 일종의 조건을 가진 식이니까. 위에서 예로 든 경우라면, 조건은 'x에 오는 수의 2배에 3을 더하면 7이 되어야 한다'는 것이 되겠지. 등식과 부등식에는 변이 두 개가 있지. 난 이걸 강변에 비유하고 싶어. 등호 표시의 양쪽 강변이라고 하면 어떨까?"

"아빠는 늘 시인 같아요. 그래서 그 등호의 양쪽 강변 사이로

뭐가 흐르죠?"

"우리 이렇게 생각해 보면 어떨까? 이건 한쪽 강변에 놓인 항들을 다른 쪽 강변으로 넘겨 보내는 재미난 경기야. 경계선에 해당하는 등호를 넘기기 위해서는 반드시 몇 가지 과정을 거쳐야만 해.

방정식을 푼다는 것은 조건을 만족시키는 미지수 x의 모든 값을 찾아내는 것이 되겠지. 그렇게 하려면 처음의 방정식을 한 단계 한 단계 같은 값을 가지는 다른 형태의 식들로 바꾸어 가다가 드디어 해답에 이르게 만들어야 하는 거야. 좌변에 미지수 단 하나만 따로남을 때까지 말이야. 그러니까 $x=A$ 형태의 방정식이 되도록 하는 거야. 물론 이때 A는 알려진 수로만 이루어진 수식이라야 하겠지? 이렇게 얻어 낸 미지수의 여러 값들을 방정식의 해라고 하는 거야.

방정식을 풀려면 어떻게 해야 할까? 기본법칙은 이거야.

방정식의 양쪽 변을 정확히 똑같은 방법으로
변형시키면 그 값은 늘 동일하다.

이게 가장 중요한 포인트야. 자, 우변에 2를 더하면 좌변에도 2를 더하고, 우변에 2를 곱하면 좌변에도 2를 곱해야 하고……, 이런 식으로 하는 거지.

미지수는 어떻게 할까? 알려진 수와 마찬가지로 미지수 x를 더하고, 빼고, 곱하면 되지. 그런데 나눗셈의 경우에는 주의해야 해. 만일 x가 분모 자리에 놓이게 되는 경우라면, x가 0이 아니라는 전제가 붙어야 해. 왜 그런지 이유는 앞에서 공부했지?

좌변에 x만을 남기기 위해서는 이미 말했듯이 최대한 많은 것들을 우변으로 옮겨 놓아야 해. $2x+3=7$의 경우를 보자. 우선 좌변에서 3을 없애려면 양쪽 변에 -3을 더해야겠지? $2x+3-3=7-3$이 되니까, 다시 말해서 $2x=4$가 되는구나. 좌변에 x만 남기려면 x와 곱해진 2를 없애야겠네. 그러면 등식의 양변을 2로 나누는 거야. $\frac{2x}{2}=\frac{4}{2}$. 그래서 답은 $x=2$.

$$2x+3=7$$

$$2x+3-3=7-3$$

$$2x=4$$

$$\frac{2x}{2}=\frac{4}{2}$$

$$x=2$$

자, 이렇게 미지수가 알려진 수가 되었네! 답을 말하기 전에 주의할 점은 무엇일까? 검산을 할 것. 그래야 오답을 내는 일이 없으니까. 검산이 제대로 되었다면 위 방정식에서 x자리에 2를 넣었을 때 등식이 성립해야겠지? $2\times2+3=7$처럼 말이야. 2는 바로 조건에 맞는 수니까, 방정식의 해가 되는 거지. '해'는 미지수 x에 들어갈 수를 말해. 같은 말로는 '근'이라고도 하지."

"대수학과 정수론은 어떻게 다른가요?"

"정수론이 자연수와 음수에 대해 연구하는 분야라면 대수학은 방정식을 푸는데 필요한 연구를 하는 수학의 한 분야라고 할 수 있지. 그리스인들은 기하학과 정수론에서는 뛰어났지만, 대수학을 만들어 내진 못했어. 이 분야는 9세기 초 티그리스 강변 바그다드에서 처음 시작되었단다. 그 창시자인 모하메드 알-크와리즈미Mohamed al-Khwarizmi는 페르시아의 저명한 학자였는데, 이 사람이 쓴 《키탑 알 자브르 이 알 무카바라》라는 책이 대수학이라는 새로운 학문의 진정한 시초가 된 거야. 여기서 나온 알 자브르al jabr라는 말에서 오늘날 세계 공통적으로 쓰이는 '알제브라', 즉 '대수학'이라는 용어가 생긴 거란다. 너 '알고리즘'이라는 단어 들어 봤지? 전산학에서 사용되는 용어인데, 어떤 문제를 해결하기 위해 필요한 체계적인 절차를 뜻하는 말이지. 계산을 할 때 가장 많이 사용되는 용어이기도 하고. 이 알고리즘이란 단어도 바로 위에 말한 수학자 알-크와리즈미의 이름을 로마자화한 '알고리스무스'에서 유래한 거란다.

대수학이 처음 사용된 건 유산 상속 문제 때문이었어. 유산에 관련된 문제는 대체로 매우 복잡하고, 또 엄격하게 정해진 법률에 따라야 하는데 대수학이라는 도구를 사용했더니, 죽은 사람의 유언장에 쓰여 있는 그대로 여러 상속인들에게 각자의 몫을 알맞게 결정해 줄 수 있었던 거지."

"대수학에는 수보다 문자가 더 많이 나와요. 그건 정말 이상해요. 그리고 변수, 매개변수, 이건 어떻게 다른 거죠?"

"$2x+3=7$. 이 방정식은 무얼 말하는 걸까? 변수에 첫 번째 수 2를 곱한 값에 두 번째 수 3을 더하면 세 번째 수 7이 된다는 거잖아. 여기서 사용된 세 개의 수가 반드시 같은 수라야 한다는 원칙이 없으니까, 이 세 개의 수를 우리는 서로 다른 이름 a, b, c로 불러야 할 거야. 우리가 알고자 하는 건 이 세 수가 아니라 미지수 x야. 자, 이제 수 값을 사용하지 않고 말로만 이 식을 표현해 볼까? 변수에 첫 번째 수 a를 곱한 값은 $a \times x$. 여기에 두 번째 수 b를 더하면, $a \times x+b$. 이 값은 c로 부르기로 한 세 번째 수와 같아야 하니까 $a \times x+b=c$가 되는 거지.

이 식도 방정식이지만 수 값은 전혀 나오지 않았지? 정확히 말하자면, 이건 방정식 중 하나가 아니라 방정식의 유형 중 하나라고 해야 할 거야. 여기서 a, b, c라는 문자는 방정식의 형태를 나타내기 위해 사용된 것들이고, 이런 걸 매개변수라고 하지. 그리고 이 문자들을 사용해서 일차방정식의 모습을 설명할 수 있단다.

a, b, c에 들어갈 세 개의 수가 결정되면 하나의 완전한 방정식이 만들어지는 거야. 예를 들어 2, 3, 5라는 수가 주어지면 방정식은 $2x+3=5$가 되는 거지. 일반 방정식 $a\times x+b=c$를 한번 풀어 보기로 하자.

$$a\times x+b=c$$

$$a\times x=c-b$$

$$x=\frac{(c-b)}{a}$$

과정을 설명해 볼까? 좌변의 b를 없애기 위해 각 변에 $-b$를 더하면 $a\times x+b-b=c-b$가 되고, 이걸 다시 쓰면 $a\times x=c-b$. 이제 a를 없애려면 각 변을 a로 나누면 되니까, 결국 우리가 찾던 답은 $x=\frac{(c-b)}{a}$가 되는 거지. 이게 어디 쓰이냐고? 이 $x=\frac{(c-b)}{a}$라는 공식을 이용해서 모든 일차방정식의 해를 구할 수 있어. 단, 이때 a에는 필요한 조건이 있어. 그게 뭘까?

"'a는 0이 아니다'라는 조건이겠죠?"

"이제 잘 아는구나. 그리고 x가 아니라 x^2이 나왔더라면 이차방정식이라고 해야 해. 여기서 몇 차라는 건 방정식에 나타나는 지수 중 가장 큰 수에 따라 정해지는 거야.

다른 예를 하나 볼까? 다음 식이 있다고 하자.

$$ax^2 + bx + c = d$$

변수의 제곱에 첫 번째 수를 곱한 값에 변수에 두 번째 수를 곱한 값을 더하고, 여기에 세 번째 수를 더한 값이 네 번째 수와 같아. 그래서 이차방정식의 가장 일반적 형태를 기술하려면 a, b, c, d라는 네 개의 매개변수가 필요한 거지.

문자를 사용해 방정식을 표현하는 방법을 일반화한 사람은 철학자이자 수학자인 데카르트였어. 그는 미지수를 표현하는 데에는 알파벳의 마지막 글자인 x, y, z를, 그리고 매개변수를 표현하는 데에는 알파벳의 처음 세 글자인 a, b, c를 사용했지."

"그럼 알파벳 문자를 사용하지 않는 중국인들은 어떻게 하죠?"

"솔직히 말하면, 그 점에 대해선 나도 아는 바가 없구나. 하지만 인도의 대수학자였던 브라흐마굽타Brahmagupta가 어떤 방법으로 여러 개의 변수가 나오는 식을 표현했는지는 알지. 이 사람은 자기 방정식에 나오는 여러 개의 변수를 기호화하기 위해 색깔을 이용했단다. 그래서 두 번째 미지수에는 검정색을, 세 번째에는 파란색을, 네 번째는 노란색, 그 다음엔 흰색, 그 다음엔 빨간색을 사용했지."

"색색의 울긋불긋 대수학이라니! 랭보의 시 중에 모음을 가지고 색깔을 나눴던 시가 있지 않나요?"

"그래, 그렇지. 그 시 알고 있니? 한 번 외워 볼래?"

"다 잊어 먹었어요."

"검은 A, ……흰색 E."

"아, 맞다, 맞다! 붉은 I, 초록 U, 파란 O."

"거기까지만. 그런데 대수언어라는 말 자주 들어 봤지? 어떤 식들은 +나 −기호 없이 하나로 붙여 쓴 것들이 있어. $3xy^2$ 같은 것들, 이건 단어에 해당하는 것으로 단항식이라고 해. 반면에 단항식들이 +나 −로 연결되어 나타나는 경우가 있지. $3xy^2+3xy$는 다항식이야. 대수언어에서는 기호가 그다지 필요하지 않아. 세 가지 유형만 존재하지.

우선 2, $\frac{3}{4}$ 같은 알려진 수, 그 다음엔 수를 대신해 쓰이는 a, b, x, y 같은 문자들, 그리고 수학 기호 =, >, <, 사칙연산 기호인 +, −, ×, /, 제곱, 세제곱의 지수들, 그리고 제곱근 기호인

$\sqrt{\quad}$ 등이 있지.

아, 너무 중요한 기호 하나를 빠뜨릴 뻔했구나. 괄호가 있었지! 괄호는 여는 괄호 '('와 닫는 괄호 ')'의 쌍으로 이루어져 있지. 이 괄호는 철자기호와 똑같이 쓰이는 것인데, 연속되어 있는 어떤 항들이 괄호로 묶여 있다면, 그건 그 전체를 하나로 생각해야 한다는 표시이지. 예를 들어 $a+b\times c$라고 쓰여 있다고 해 보자. 이 식을 어떻게 읽어야 할까? a와 $b\times c$의 곱을 합한 값일까 아니면 $a+b$의 합을 c로 곱한 값일까? 지금 쓰인 그대로라면 어떤 쪽으로 결정을 내리기가 힘든 상태야. 즉 이 식은 이중적인 의미를 가졌어. 그래서 절대로 받아들일 수 없는 거고. 수학에서 어떤 하나의 식은 절대로 두 가지 다른 해석을 가져서는 안 되는 거니까. 그러니까 이런 이중성을 벗어날 수 있는 기호를 만들어 내야만 했던 거지. 그게 바로 괄호야. 괄호가 어떻게 이런 난처한 상황을 벗어나게 하는 거냐고? 만일 위 식이 a와 $b\times c$의 곱을 합한 값을 얻을 생각으로 만들어졌다면 $a+(b\times c)$라고 쓰면 되는 거지. 또 만일 이게 $a+b$의 합을 c로 곱한 값을 의미하는 경우라면 $(a+b)\times c$라고 쓰면 돼. 괄호가 이중적 의미를 없애주는 거 맞지?"

알려진 수: $0, 1, 2, -30, \frac{3}{7}, 0.5$ 등

문자: a, b, x, y 등

수학 기호: $=, >, <, +, -, \times, /, (\ )$ 등

"왜 모든 방정식은 늘 0과 같아지는 거죠? 그게 2나 3, 14면 안 되나요?"

"일단 방정식은 어떤 것과도 같은 값이 될 수 없다고 했던 말을 기억해 줬으면 좋겠어. 방정식은 그냥 방정식일 뿐이야. 그러니까 네가 묻고 싶은 건, 왜 방정식의 우변이 자주 0이 되느냐는 거지? $a=b$ 형식을 가지는 등식은 그게 어떤 경우든 간에 우변이 아무것도 남지 않는 새로운 등식 형태로 바뀔 수가 있어. $a=b$, $a-b=b-b=0$에서처럼 말이야. 그러니까 $a=b$는 $a-b=0$과 같은 식이라고 할 수 있지."

"그럴 수 있죠. 그런데 왜 그렇게 하는 거죠?"

"물론 할 수 있는 거라고 반드시 다 해야 하는 건 아니지. 그런데 그렇게 하면 무슨 이점이 있지 않을까? 조금 전에 우리가 $ax+b=c$ 형태로 표현했던 일차방정식, 그러니까 세 개의 매개변수로 이루어진 방정식을 다시 살펴볼까? 이 식을 $ax+b-c=c-c$라고 변형해 보면 $ax+b-c=0$이 되겠지. 여기서 $b-c$

는 수에 해당하는 거니까 이걸 d라는 매개변수로 바꿔 놓을 수 있겠지? 그러면 방정식은 $ax+d=0$의 형태로 바뀌는 거지. 이때 두 번째 항에는 아무것도 없으니까, 결국 두 개의 매개변수만 남은 거잖아? 이렇게 해서 우리는 단순화된 일반식을 얻는 거야. 이 방정식은 앞에서 나왔던 것과 똑같이 일반식이지만 더 단순한 형태가 되었지. 모든 방정식이 이렇게 단순한 형태로 될 수 있는 거란다."

"인수분해해라, 식을 전개해라, 대수학에선 만날 이런 것만 시키고……."

"인수란 '곱하는 요소'이기 때문에 수학에서는 인수의 곱이라고 하지, 인수의 합이라는 말은 안 쓴단다. 그러니까 어떤 수학식을 인수분해하라는 것은 합으로 된 것을 곱의 형태로 바꾸기를 원한다는 의미야. 반면에 식을 전개하라는 건 그 반대의 행동을 말하는 거야. 그러니까 곱으로 된 것을 합으로 바꾸기를 원하는 거지.

$$(a+b)\times(a-b)=a^2-b^2$$

이 식을 왼쪽에서 오른쪽으로 읽는다면 이 공식은 전개식에 해

당해. 곱이 합으로 변형된 거니까. 그런데 오른쪽, 그러니까 우변에서 시작해서 왼쪽, 즉 좌변 쪽으로 읽는다면 이건 인수분해에 해당하지. 합을 곱으로 바꾼 거니까.

앞에서부터 보면 인수분해식 $(a+b)\times(a-b)=a^2-b^2$

뒤에서부터 보면 전개식 $a^2-b^2=(a+b)\times(a-b)$

그런데 수학에서는 늘 합보다는 곱을 더 좋아하는 경향이 있어. 왜 그럴까? 그건 곱으로 표현하면 약분이 가능하기 때문이야. 약분을 하면 식이든 수든 간단해지지. 예를 들어, $a\times b=b^2+b\times c$라는 식이 있다고 하자. 이 식을 인수분해하면 $a\times b=b\times(b+c)$가 되겠지? 이제 b로 약분을 하면 $a=(b+c)$가 되지.

너 솔직히 말해 봐. 처음에 식을 봤을 땐 이 과정이 안 보였지?

대수학 문제를 푸는 건 청소를 하면서 동시에 반죽을 하는 작업과 같다고 할 수 있어. 우리는 문제에서 또는 수업 시간 설명에서 이 식에 관해서 주어진 정보들을 활용하면서 주어진 식을 주물러서 우리 마음에 드는 같은 값을 가지는 다른 형태의 식으로 바꾸는 작업을 하는 거지. 이때 적용되는 기본법칙은 무엇일까? 값은 그대로 두고 형태만 바꾸어야 한다. 값이 조금이라도 바뀌면, 그건 틀린 거니까! 가끔 수학에서 하는 어떤 행동들이 아주 멍청한 짓으로 보일 때가 있지."

"와, 드디어 아빠도 인정하는군요. 역시 아빤 훌륭하세요."

"까불지 말고 우선 들어봐. A라는 식이 있는데 이걸 $A+2-2$라는 식으로 바꾸기로 했다고 한다면, 수학을 안 하는 사람들은 별 이상한 짓을 다 한다고 생각할 거야. '바로 다시 뺄 거면서 2를 더하긴 왜 더하지?'라고 생각하겠지. 그런데 이런 게 필요할 때가 있거든! 어떤 식을 변형한다는 것은 그 식의 형태를 바꾸되 절대로 '값'을 바꾸지는 않는 것이라야 해.

그러니까 대수학 문제를 풀 때 많은 부분은 A라는 어떤 식에서 출발해서 이 식의 형태를 같은 값을 가지는 다른 형태의 식으로 계속 바꾸어서 결국은 자기가 원하는 식을 얻어 내는 과정으로 이루어지는 거야."

오늘은 아빠가 너에게 수수께끼를 하나 내어볼까 해. 한 점을 지나는 직선의 개수에서 두 점을 지나는 직선의 개수를 빼면 얼마일까? 잘 모르겠으면 그림을 그려보렴.

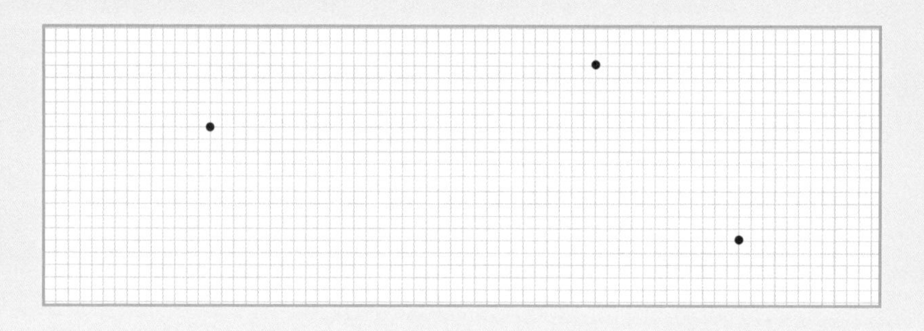

한 점을 지나는 직선은 무수히 많아. 그 점을 지나기만 하면 되니까. 하지만 두 점을 지나는 직선은 오직 한 가지야. 그래서 한 점을 지나는 직선의 개수에서 두 개의 점을 지나는 직선의 개수를 빼면 무수히 많은 거지. 무수히 많은 것에서 하나를 빼도 여전히 무수히 많은 거니까.

사람마다 성격과 생김새가 다양하듯이, 선의 종류도 다양해. 로라는 점선이라는 말을 들어 봤을 거야. 점선은 여러 개의 점이 줄지어 서 있는 것을 말하지. 이때 여러 개의 점이 무수히 많아져서 점들이 매우 빽빽하게 줄을 선다면 어떻게 될까? 그 선은 끊어짐 없이 연속된 선으로 나타나겠지? 선은 무수히 많은 점이 모여서 생기는 거란다. 그리고 무수히 많은 점이 어떤 모습으로 모여 있느냐에 따라서 선의 모양이 다양해지지.

직선은 점들이 방향을 바꾸지 않고 일정한 곳을 향하여 줄을 선 거야. 그래서 선이 곧지. 반면에 곡선은 점들이 방향을 바꾸고 있어. 그래서 휘는 거지. 방향을 급하게 바꿀수록 휘는 정도가 크고, 방향을 자주 바꾼 선은 구불구불하단다.

직선과 선분의 차이점에 대해 생각해 봤니? 직선과 선분은 헷갈리기가 쉬워. 그래서 직선이 선분이고, 선분이 직선이라고 생각하는 친구들도 많단다. 하지만 이 둘은 서로 달라. 직선은 계속 뻗어나가고 있는 곧은 선이야. 그래서 선

의 양 끝에 화살표를 하는 거지. 이 화살표는 '계속 커지고 있어요'라는 신호란다. 반면에 선분은 두 점을 잇는 곧은 선이야. 더 이상 커지는 선이 아니기 때문에 길이를 가지지. 그래서 삼각형, 사각형, 정육면체, 각기둥, 각뿔 등 다양한 도형에서 사용하는 선이나 모서리는 바로 '선분'을 말하는 것이란다.

수학자들은 $2x-y+3=0$과 같은 방정식을 선으로 나타내기 시작했어. $2x-y+3=0$이 왜 방정식이냐고? 그거야 등식으로 되어 있고 등식이 미지수를 포함하고 있기 때문이지. 미지수의 개수는 중요하지 않아. 미지수가 많든 적든 $2x-y+3=0$과 같은 형태를 방정식이라고 해. $2x-y+3=0$에서 양변에 y를 더해주면 식이 어떻게 될까? $2x+3=y$가 되지? 이처럼 y를 한 변에 정리를 하면 함수가 되지. 함수는 그래프로 나타낼 수 있어. 함수에 사용된 미지수가 x이면 일차함

수, x^2이면 이차함수라고 해. 일차함수를 그래프로 옮기면 직선이 되고, 이차함수를 그래프로 옮기면 포물선이 되어 위로 둥글거나 아래로 둥근 그래프가 된단다.

전에도 말했듯이 수학자들은 어떤 학문의 경계를 넘나드는 것을 좋아했어. 그래서 식을 도형으로 나타내기도 하고, 도형을 식으로 나타내기도 했지. 방정식은 식이지만, 함수는 그래프란다. 그래프는 그 모습이 도형과 가깝다고 할 수 있지. '식 → 함수'는 '방정식 → 그래프'로, '함수 → 식'은 '그래프 → 방정식'이라고 할 수 있지. 수학자들은 이런 변환 쉽게 말하자면 트랜스포머를 굉장히 즐겨했단다. 로라가 수학 공부를 조금만 더 깊이 한다면, 너도 이런 변환을 즐기고 있을지도 모르겠구나. 아빠는 그런 날이 어서 오기만을 기다린단다. ^^

경계를 뛰어넘는 짓궂은 수학자들

점과 선의 관계

“기하학 문제는 많이들 힘들어 해. 너도 다른 것 같지는 않은데…….

“네! 공간 속을 들여다본다는 것, 난 그게 죽어도 안 돼요.”

“17세기 프랑스의 르네 데카르트와 피에르 페르마라는 두 수학자는 각자 따로, 똑같은 생각을 하게 되었어. 그건 대수언어를 사용해 기하학적 대상을 설명하면 어떨까 하는 거였지. 이 생각은 수학을 새롭게 변화시키는 대단한 아이디어였어. 해석기하학이라는 새로운 분야가 생겨나서 정수론(수의 세계), 기하학(도형의 세계), 대수학(수학식의 이론)과 어깨를 나란히 하며 수학의 세계를 더 넓히게 된 거야. 이 새로운 분야 덕분에 수학자들은 기하학적 대상에 바로 접근하는 대신 그보다 훨씬 다루기 쉬운 대수학식을 이용해서 문제에 접근할 수 있게 된 거지. 공간과 수, 기하학과 대수학 사이를 연결하는 또 다른 예가 된 거야. 대수학의 방법을 이용해서 기하학 문제를 다루게 되면서 수학자들은 기하학에 응용될 수 있는 대수학의 모든 계산 법칙들을 이용할 수 있게 되었단다.

너도 알다시피, 점은 기하학의 가장 단순한 대상이면서 본질적인 요소야. 모든 기하학적 대상은 점으로, 그것도 점들로만 이루어져 있으니까. 한 도형을 구성하는 모든 점들을 알고 있으면 그 도형 자체를 아는 것이라고 해도 틀린 말이 아니지. 그렇기 때문에 무엇보다도 먼저, 체계적인 방법으로 이 점들에 이름을 붙이는 것이 중요한 일이란다. 그런데, 그렇게 하기 위해서는 하나의 기준, 그러니까 주어진 집합의 모든 요소들 하나하나에 정확한 위치를 정해 주고 이름을 붙여줄 필요가 있겠지?

대상에 대해 말하기 위해서
먼저 그 대상에 이름을 붙인다.

이건 수학에서, 그리고 또 다른 학문 분야에서도 늘 사용해 오던 절차였어. 게다가 우리는 아직 알려지지 않은 대상에 대해서도 이름을 붙일 수 있거든. 예를 들어, 평면 위의 세 점 A, B, C와 같은 거리에 놓인 점 G가 있다고 해 보자. 아직 답을 모르고 있는 상황에서 우리는 두 가지 질문을 해 볼 수 있을 거야. 이런 점이 정말 있는 걸까? 만일 있다면 그 점을 어떻게 찾을 수 있을까? 이 두 질문에 답을 하기 전까지 점 G는 우리에게 알려지지 않은 대상이야. 그래도 우리는 그 대상에 G라는 이름을 붙여 말하고 있잖아.

이처럼 대부분의 경우 이미 알려진 다른 대상을 기준으로 삼아 자기의 위치를 알아내는 것이 도움이 되지. 일상생활에서 우

수선의 발: 직선 밖의 한 점에서 그 직선에 수선을 그을 때, 수선과 그 직선의 교점

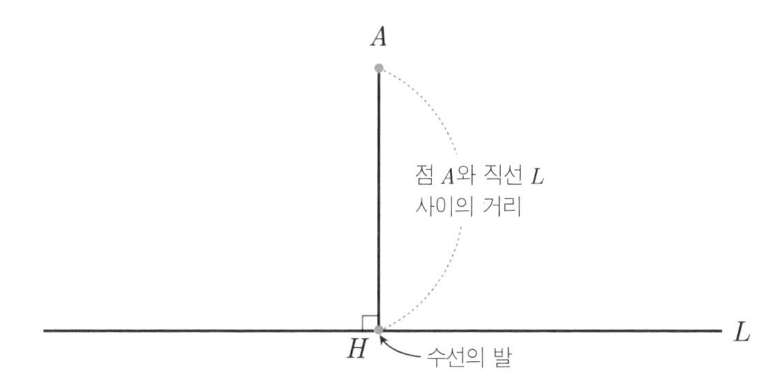

교점: 두 직선이 한 점에서 만날 때, 그 만나는 점

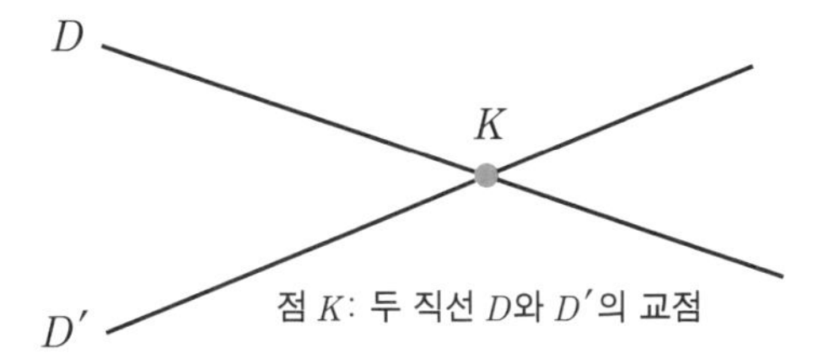

리는 어떤 길, 어떤 기념물 등을 길을 찾는 기준으로 이용하잖아. 기하학에서도 마찬가지로 수선의 발 H, 직선 D와 D'가 만나는 점 K, 이런 걸 이용할 수 있다는 거지.

데카르트와 페르마의 생각의 출발점은 수 이름, 다시 말해서 수를 기하학의 대상인 점에 연관시켜 보자는 거였어.

이건 대단한 아이디어야. 그전까지의 기하학에서는 직감에 의지해 문제를 해결했다면, 이 아이디어가 성공하면 아주 체계적인

장치라고 할 수 있는 계산과 대수학의 모든 수단들을 이용해서 문제를 해결할 수 있게 되는 거지. 문제를 보다 효율적으로 해결하기 위해 생각의 틀을 바꾸어 보기로 한 거라고 할까? 정말 멋진 계획이지!"

"기하학에서 어떤 한 점에 이름을 붙인다는 것은 그 점의 위치를 정한다는 것과 같아. 그런데 어떤 대상의 위치를 정하기 위해서는 기준이 필요하다고 했던 거 기억해? 우린 이제 각 점에 그 점이 놓인 위치에 따라 이름을 붙여 볼 거야.

만일 내가 "리옹에서 30 떨어진 남쪽 고속도로 위에 있어"라고 말했다고 하자. 내가 한 이 말은 아주 불분명한 부분이 많아. '30 떨어진'이라니? 30 뭐? 미터야, 킬로미터야? 게다가 방향도 안 밝혔잖아. 파리 방향이야, 아니면 마르세유 방향이야? 하지만 반대로 내가 출발점(리옹), 방향(마르세유), 그리고 단위(㎞)를 확실히 밝혔다면 내가 어디쯤 있는지는 분명해지는 거잖아. 고속도로가 기하학적으로 직선을 이루는 게 아닌데도 말이야.

직선 위에 한 점이 있다고 할 때도 마찬가지야. 이 점의 이름을 분명히 정하기 위해서는 우선 방향이 주어진 직선 위의 또 다른 점 O를 출발점, 즉 원점으로 정하고, 화살표의 방향을 밝히고,

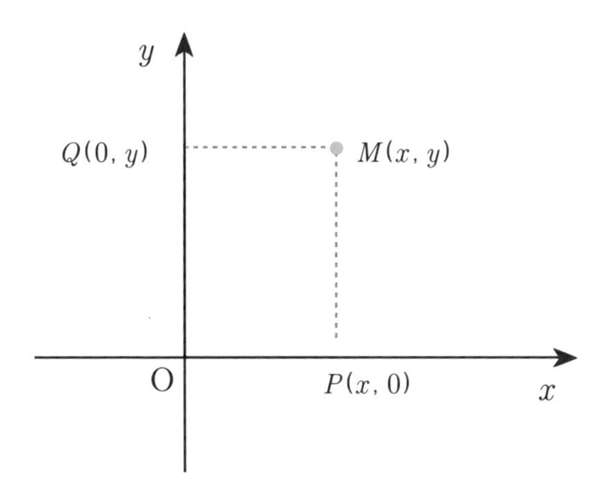

또 길이의 단위를 밝혀야 하는 거야. 이렇게 해서 정해진 선분 $x=[OM]$의 거리에 해당하는 대수학적 값이 바로 점 M의 수 이름이 되는 거지.

직선 위에 놓인 점은 단 하나의 수만으로 표시될 수 있을 거야. 평면 위의 점이라면 두 개의 수, 공간 속의 점은 세 개의 수가 필요하겠지. 이유는? 직선은 1차원, 평면은 2차원, 공간은 3차원이니까.

2차원인 평면의 경우를 생각해 보기로 하자. 방향이 주어진 두 직선 $X'X$와 $Y'Y$를 기준으로 할 때, 이 두 직선이 만나는 점 O가 좌표의 원점이 되는 거야. 그리고 단위거리는 각 축 위에 표시되는 거지. 두 축이 수직으로 만나면 직교좌표라고 하고, 단위거

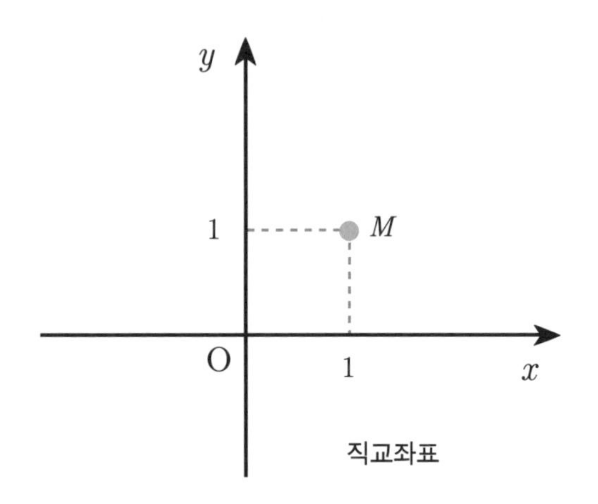

직교좌표

리까지 같은 경우에는 정규직교좌표라고 하지.

점 M을 양 축으로 늘어 떨어뜨려 얻은 두 선분 OP와 OQ의 길이를 나타내는 수를 각각 x와 y라고 하면, 이 x, y가 M의 좌표가 되는 거야. x는 가로좌표, y는 세로좌표라고 불러. 그리고 쌍을 이루는 두 수 (x, y)가 M의 이름이 되는 거야. 이처럼, 수학자들에게 있어서 평면 위의 한 점은 바로 두 수의 순서쌍에 해당하지. 데카르트의 이름을 따서 우리는 이런 좌표를 데카르트 좌표라고 부른단다.

이 문제를 다른 방법으로 해결해 볼 수도 있을 거야. 예를 들어 O를 원점으로 하는 화살표 축을 하나만 정하는 거야. 그러면 점 M은 원점 O에서 M에 이르는 거리 d와 두 벡터 OX, OM이 이

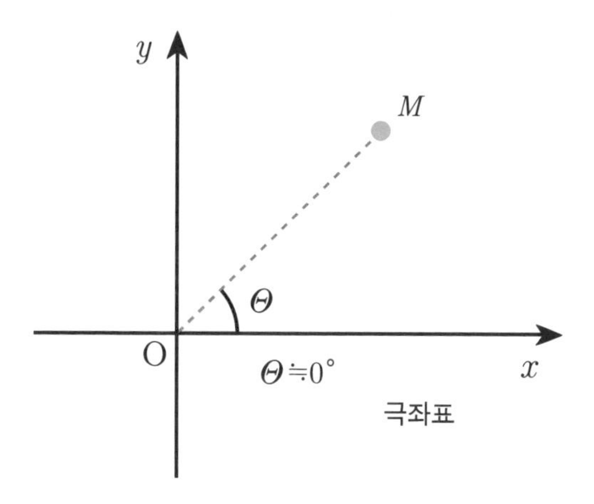

루는 각 Θ에 의해 정의될 수 있겠지. 이렇게 하는 경우를 극좌표라고 해. 그런데 네가 여기서 주목할 점은 이때도 역시 두 개의 수가 필요하다는 거야. 데카르트 좌표에서는 x, y의 두 수가, 극좌표에서는 d, Θ의 두 수가 이용되는 거지."

"지도 위에서 위도, 경도를 표시하는 것과 꼭 같네요. 위도는 가로좌표, 경도는 세로좌표에 해당한다고 볼 수 있잖아요. 세로좌표의 축은 0도 경선의 그리니치 자오선이고, 가로좌표의 축은 적도가 되는 거고요."

"딱 하나 다른 점이 있어. 평면은 종이 지도처럼 평평하지만, 그 지도가 표현하고 있는 지구는 사실은 공 모양이잖아. 지구상에서의 거리를 나타낼 때 킬로미터를 쓰지 않고 각도의 단위인도를 사용해서 위도 360°, 경도 180°를 사용하는 건 바로 지구가 공 모양이기 때문이란다."

"어쨌거나 직선, 평면, 곡선이 또 나오네요!"

"그래, 그게 수학에서 가장 중요한 주제 중 하나니까."

"좌표를 이용한 이 모든 장치들은 근본적으로 함수를 나타내는 데 쓰이는 거야. 일상생활에서 우리는 '~에 달려 있다', '~로 인해 생긴다', '~와 함수관계를 이룬다' 등의 표현을 자주 듣게 되지? 그리고 어떤 현상들에 대해 살펴보다 보면 한 가지 현상이 변화함에 따라 다른 현상이 같이 변화하는 걸 보게 되는 경우가 간혹 있잖아. 속도와 거리, 무게와 크기, 야채 값과 무게 등의 관계가 그 예가 될 수 있을 거야. 그런 경우를 만나면 사람들은 그 두 현상 사이의 관계를 더 정확히 알아내어서 수학식으로 표현해 보고 싶어 하지.

17세기 말에 라이프니츠가 'x는 y의 함수다'라는 말을 자신의 책에 쓴 적이 있는데, 이 말이 사람들 기억에 남게 되었어. 그러고 나서 20년쯤이 지난 뒤에 장 베르누이라는 수학자가 '변수 x의 함수'를 $f(x)$로 표기했는데, 이 표기법이 또 눈길을 끈 거야. 이렇게 해서 수학 분야에 새로운 요소들이 등장하게 되었고, 그게 바로 함수란다. 함수에 대한 연구는 수학에서 아주 중요한 부분이야. 뿐만 아니라 함수 연구는 다른 학문 분야, 특히 물리학과 천문학에 효과적으로 적용되어 그 능력을 인정받기도 했지. 예를 들어 전기의 경우, 전기 회로에서 회로 안을 도는 전류량 I 와 전류가 흐르게 해 주는 에너지에 해당하는 전압 V 사이의 관계를 나타내는 함수는 전자 제품이 가지는 전기 저항을 R이라고 할 때, 이것을 함수식 $V=R\times I$로 표현할 수 있어.

함수 $f(x)=2x+5$가 있다고 해 볼까?. 물론 이것은 $y=2x+5$를 말해. 우린 이걸 '들어가는 곳'과 '나오는 곳', 다시 말해서 입력부와 출력부를 지닌 기계에 비교해 볼 수 있어. x가 입력부라면 $f(x)$는 출력부가 되지. 따라서 $f(x)$는 x에 어떤 수를 넣었을 때 생기는 결과 또는 값이라고 생각하면 돼. 그래서 입력부로 1이라는 수를 넣으면 기계가 돌아가면서 1에 2를 곱하고, 거기다 5를 더해서 결과로 숫자 7을 출력부로 내보내는 거야. 함수의 이런 작용을 요약해서 순서쌍 (1, 7)로 나타낼 수 있지. 앞의 것은 들어간 수, 뒤의 것은 나온 수에 해당하는 순서쌍 (1, 7)은 곧 이 함수 기계가 행한 작업을 나타낸 것이라고 할 수 있겠지?

계속해서 0, -1, $\frac{1}{2}$을 입력부로 넣어 볼까? 결과로 얻게 되는 순서쌍은 (0, 5), $(-1, 3)$, $\left(\frac{1}{2}, 6\right)$이 되겠지. 이 하나하나가 바

로 평면 위에 놓인 점의 이름이 되는 거야. 다시 말해서, $2x+5$는 세로좌표가 가로좌표의 두 배에 5를 더한 값이 되는 평면 위의 모든 점들을 만들어 내는 기계 장치라고 할 수 있어. 이 모든 점들이 하나의 직선 위에 놓이니까 자연스럽게 직선 $y=2x+5$라고 부를 수 있는 거지. 뿐만 아니라 가로좌표의 두 배에 5를 더한 값이 세로좌표가 되는 모든 점들은 이 직선 위에 놓인다는 것은 참이라고 말할 수 있게 되는 거지.

함수, 그래프, 방정식 이 세 용어는 자주 연결되어 쓰인단다. 그래프 방정식, 어떤 함수를 나타내는 그래프 등에서처럼 말이야."

"뭔가 어원에 관련된 설명이 있지 않나요?"

"그렇고말고. '나타내다'는 말의 라틴어 어원인 레프라에센타레는 눈앞에 보이게 한다는 말이고, 그래프의 어원이 되는 그라페인은 '적다, 기록하다'는 뜻을 가졌어. 그러니까 영어의 리프리젠트represent는 보이게 한다는 말이 되겠지? 함수를 대수 형태로 나타낸다는 건 곧 함수를 우리 눈에 보이게 한다는 말이 되는 거지. 함수의 모습을 보여 주는 것, 그게 바로 그래프의 역할이라고 할 수 있어. 그래프 방정식은 한 곡선을 형성하는 점들 하나하나에 원하는 만큼 이름을 붙일 수 있게 하는 장치와 같아. 그리고 그 점 하나하나는 다시 그래프 방정식을 검산할 수 있게 하는 거고."

"방정식을 검산한다는 건 무슨 뜻이죠?"

"점 $A(1, 7)$로 방정식 $f(x)=y=2x+5$를 검산할 수 있어. 무슨 말이냐 하면, 점 A의 이름이 $(1, 7)$이라고 할 때, 방정식 $f(x)=y=2x+5$의 x와 y자리에 각각 1과 7을 대입하면 $2\times1+5=7$이라는 등식이 성립되지? 그러면 점 $A(1, 7)$로 방정식 $f(x)=y=2x+5$를 검산했다고 하는 거야. 그러니까 A는 함수 $f(x)=2x+5$가 나타내는 그래프 위에 있는 점이라는 걸 확인한 거지. 내 얘기가 너무 지루하니?"

"아니 그렇진 않아요. 하지만 같은 말을 반복한다는 느낌은 들어요. 제가 제대로 이해한 거라면 아빠는 같은 내용을 방식만 바꾸면서 되풀이해서 이야기하는 것 같아요."

"내용도 많이 덧붙인걸! 방정식을 알고 나면 그래프의 모든 기하학적 특징들을 이해할 수 있게 된단다. 어떤 그래프를 봤을 때 첫눈에 딱 띄는 건 어떤 것들일까?

그 외에 접선, 그래프가 두 축 $X'X$와 $Y'Y$와 만나는 교점 등 여러 가지가 있을 거야. 또 직선을 서로 평행하게 놓거나, 서로 교차시키거나, 혹은 또 다른 방식으로 놓아볼 수도 있겠지.

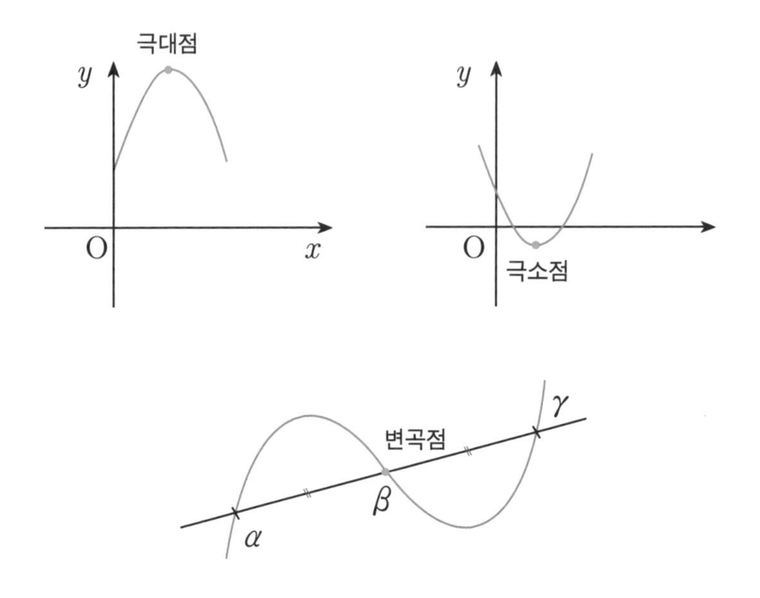

1) 극대점과 극소점: 맨 꼭대기에 있는 점들, 그러니까 그래프가 올라가다가 다시 내려가기 시작하는 부분에 있는 점들과 맨 아래에 있는 점들.

2) 변곡점: 위로 열린 곡선에서 아래로 열린 곡선으로 변하는 그래프에서처럼 곡선의 굴곡의 방향이 바뀌는 자리에 놓은 점들.

경우에 따라서는 방정식만 봐도 그래프가 어떤 모양인지를 알 수 있어. $f(x)=ax+b$로 표시되는 모든 일차함수의 그래프는 직선이고, $y=ax^2+bx+c$이고, 이때 a, b, c는 '$a \neq 0$를 만족하는 수'라는 조건이 붙은 이차함수의 그래프는 포물선이 되겠지. 여기서 $a \neq 0$라는 조건을 반드시 붙여야 하는 이유는 만일 $a=0$이면 함수는 $y=bx+c$형태의 일차함수가 되어, 방금 얘기했던 것처럼 그래프는 직선이 되어 버리기 때문이지.

그러면 이런 직선이나 포물선은 어떻게 그려야 할까? 일반적으로는 이런 그래프를 연속된 선으로 표현하지만, 사실 그래프는 그렇게 만들어지는 게 아니란다. 그래프는 점 하나하나, 그러니까 입력부로 넣은 수와 출력부로 나온 수, 이렇게 두 수로 이루어진 점들이 하나하나 모여 이루어지는 거야. 그래프의 모양을 TV 화면과 비교해 설명하면 좋겠구나. TV 화면의 영상은 그대로 그려진 것이 아니라 영상에 맞게 점들을 배열하여 구성한 것이야. 그러니까 그림보다는 자수 쪽에 가깝다고 할 수 있지. 이렇게 점들이 하나하나 모여 이루어진 모습이 바로 함수 그래프가 되는 거야.

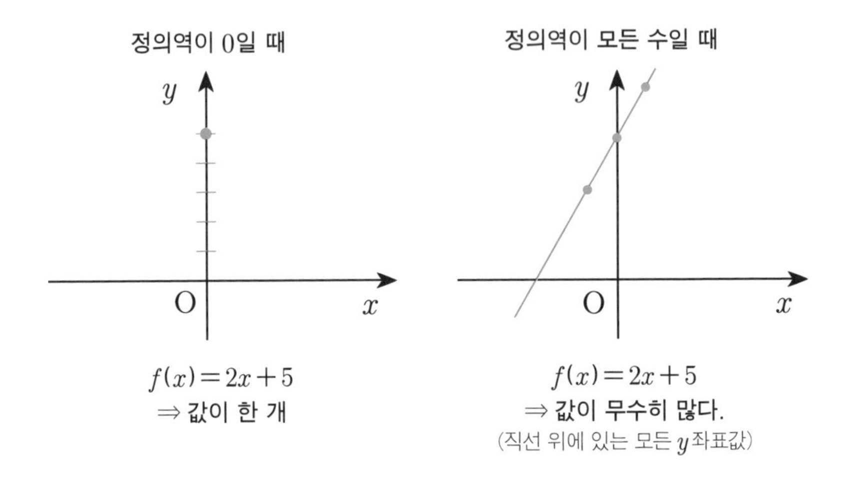

"얼마나 많은 점들이 모여야 그래프가 이루어지는 건가요?"

"입력부로 들어간 수만큼 많이."

"예, 그렇겠죠. 하지만 입력부로 들어가는 수가 얼마나 되냐고요?"

"좋은 질문이야. 그걸 확실히 밝혀야 한다는 점이 중요해. 함수를 정의할 때는 이 입력부로 들어간 수의 집합을 반드시 함께 밝혀야 하는데, 이걸 정의역이라고 한단다.

잘 봐봐! 똑같은 방정식으로 표현된 두 함수의 정의역이 다르면 이 둘은 서로 다른 함수가 되는 거야. 네가 잘 이해할 수 있게 예를 들어 볼까? 함수 $f(x)=2x+5$의 정의역은 '0'이고, 함수

$g(x)=2x+5$의 정의역은 '모든 수의 집합'이라고 하면, 이 두 함수는 서로 다른 함수가 되는 거야. 첫 번째 함수의 그래프는 (0, 5)에 해당하는 하나의 점인 반면에 두 번째 함수의 그래프는 하나의 직선으로 표시되는 거니까 똑같다고 할 수 없는 거지."

어젯밤 엄마와 퍼즐을 즐기는 네 모습을 보면서 아빠는 많이 흐뭇했어. 로라가 수학을 퍼즐처럼 즐긴다면 얼마나 좋을까 하는 생각도 들었지. 그런데 말이야. 사실 수학은 퍼즐과 다를 게 없어. 주어진 힌트를 이용해 답을 찾아가는 것이니까. 퍼즐의 힌트를 잘 찾는 친구들은 수학 문제에 숨어 있는 조건도 잘 찾아낼 거야. 퍼즐을 좋아하고 잘하는 걸 보면, 너에게도 수학적 재능이 있다고 본단다. 아빠는!

수업 시간에 수학 문제를 풀 때, 너는 어떤 생각을 하니? 선생님이 적어 놓은 풀이를 받아 적는 데만 바쁜 건 아니니? 만약 그렇다면, 그 풀이 시간이 얼마나 지겹고 답답할까? 마치 뜻도 모르는 다른 나라 글자를 받아 적는 기분일 거야. 아빠는 네가 좀 더 적극적으로 수학 풀이에 참여했으면 좋겠어. 수학 문제에서 묻고 있는 것과 주어진 정보가 무엇인지 스스로 찾아내고, 그것들을 이용하여 가장 적절한 풀이 방법도 찾아내는 거지. 그렇게만 한다면 너는 수학 시간이 정말 즐겁겠지? 수학 공부가 마치 퍼즐을 푸는 것처럼 흥미진진할 거야.

수학 문제를 풀 때 너는 무엇을 생각하니? 답이 무엇일까? 또는 이것

을 어떻게 풀어야 할까? 만약 이 둘 중 한 가지를 제일 먼저 생각한다면, 로라는 어려운 수학 문제는 잘 풀지 못할 거야. 네가 친구에게 잘못을 한 뒤 사과할 때에 그냥 '미안'이라고 말하니? 아니지? 순서가 있고 방법이 있을 거야. 먼저 친구를 만난다. 친구에게 내가 왜 그런 잘못을 했는지에 대해 오해가 없도록 설명한다. 마지막으로 진심어린 사과의 말을 전한다. 뭐 이런 순서가 있겠지. 수학 문제를 푸는 데도 이처럼 순서와 방법이 있어. 아빠는 세 가지 순서를 정해 보았단다. 이 방법을 이용하면 어떤 문제든 막힘없이 풀 수 있지.

첫째, '구하고자 하는 것이 무엇인가?'를 생각해야 해. 즉, 문제가 묻는 것이 무엇인지를 생각하라는 것이지.

둘째, '주어진 조건이 무엇인가?'를 생각해 보렴. 문제에서 조건은 그냥 주는 것이 아니야. 이 조건들을 네가 얼마나 잘 활용할 수 있는가를 알아보려는 거지. 그러므로 넌 문제에서 제시하고 있는 여러 가지 조건들을 하나도 무시하지 말고 따져봐야 해. 조건을 파악하면 어떻게 이 문제를 풀이해야 할지도 눈에 보인단다.

셋째, '문제 속에 숨겨진 힌트가 무엇일까?'를 찾아내는 거야. 문제 속에 힌트는 숨겨진 경우도 있고, 그렇지 않은 경우도 있어. 어려운 문제일수록 힌트를 숨겨 놓고, 쉬운 문제일수록 힌트를 숨기지 않고 직접적으로 제시해 주지. 문제 속의 힌트를 잘 파악하면 복잡한 문제도 쉬운 방법으로 생각할 수 있고, 생각의 전환이 가능하게도 돼. 또 급하게 생각해서 실수를 하는 경우도 막아주지. 문제 속에 숨겨진 힌트는 문제를 푸는 사람이 얼마나 꼼꼼하게 문제를 따져 푸는지를 보기 위해 출제자가 만든 장애물이라고도 할 수 있단다.

이 외에도 몇 가지 기술이 더 필요해. 기술이라고 말하니 조금 이상하지만 달리기를 잘하는 데에도 기술이 있고, 공부에도 기술이 있고, 수학을 푸는 데도 기술이 있단다. 음……, 비법이라고 하는 게 더 적절한 표현이겠구나. 순서대로 문제를 풀어가는 과정 속에서 네가 활용하면 좋은 풀이

비법이 있어. 그건 글이나 수학 기호로 설명되어 있는 수학 문제를 그림이나 표로 바꿔 표현해 보는 방법이야. 문제가 복잡하고 이해가 안 될 때에는 그림으로 그려 보렴. 특히 넓이나 부피 구하기, 각 구하기, 도형 문제 등에서는 그림만큼 좋은 풀이비법이 없단다. 또 어떤 수를 예상하거나 식을 세우기 복잡한 문제는 표를 만들어 보렴. 표를 만들어서 표에 알맞은 수를 넣어 보면 어떤 규칙을 발견하게 될지도 몰라.

어떠니? 수학을 푸는 데도 순서가 있고 비법이 있지? 그리고 그 비법은 생각보다 어렵지 않단다. 그림이나 표로 만들어 보는 건 퍼즐을 풀 때에도 자주 사용하는 방법이야. 그래서 퍼즐을 좋아하고 잘한다면, 너도 충분히 수학을 잘할 가능성을 가지고 있단다. 아빤 그래서 너를 믿어. 수학이 싫고 두렵다고 징징거리지만, 언젠가는 퍼즐을 풀 듯 수학을 즐기고 있을 거라고. 또한 그게 바로 아빠가 바라는 것이란다. 네가 수학을 즐기게 되는 것! 그리고 그 속에서 기쁨과 성취감을 맛보는 것! 아빠가 네게 알려 주고 싶은 세상인데, 그런 날이 언젠가는 오겠지? 되도록 빨리 왔으면 좋겠구나. 너무 오래 걸려 네가 지치는 걸 보고 싶지 않거든…….^^

(α+y)=α²+2
(3y+5)=y−α²
(1+1)=(5−3)=(10/5)=(2×1)
D+D' =2
4c−51

기하학
NJH·CYY
로라책

수학은 재미있는 퍼즐게임이다
문제풀이 기술

"난 수업 내용은 이해했는데 문제가 안 풀리는 경우가 자주 있어요."

"반대로, 수업 내용은 이해 못 했는데 문제는 풀리는 경우도 있지 않니?"

"글쎄요……."

"글쎄라니, 그런 경우는 없다고?"

"아니, 물론 있죠."

"선생님이 내는 문제들은 수업 내용을 응용한 거야. 이 문제들은 언제나 네가 듣고 있는 수업에서 다루는 범위에 관련된 것들이지. 만일 학기말이라 그동안 배운 범위 전체에서 문제를 내는 경우가 아니라면 말이야. 문제를 낼 때 선생님이 원하는 건 뭘까? 한편으로는 네가 수업 내용을 잘 이해했는지 알고 싶을 거고, 다른 한편으로는 네가 배운 내용을 제대로 응용할 줄 아는지 평가해 보고 싶으시겠지?"

"그런데 선생님들은 어디서 문제를 뽑는 거죠?"

"전문 서적들을 참고하지. 그렇지만 대부분의 선생님들은 자신이 수업한 내용에 따라서, 그리고 네가 수업 중에 배운 것만으로 충분히 문제를 풀 수 있도록, 직접 문제를 만드시지. 그러니까 원칙적으로, 너는 문제를 푸는 데 필요한 모든 열쇠를 이미 네 손안에 가지고 있는 셈이지. 선생님은 네 손이 닿는 곳에 연장통을 놓아 주고, 그걸 사용할 줄 아느냐를 네게 맡기는 거라고 보면 돼.

모든 문제들은 대부분 다 똑같은 형식으로 만들어져. 먼저 상황을 설명해 주는 글인 제시문으로 시작되지. 제시문은 현 위치, 그러니까 수학의 여러 분야 중에서 이야기가 전개되는 곳은 어디인가? 이야기 속의 수학 나라 등장인물들은 어떤 것들인가? 직각삼각형인가, 분수인가, 아니면 다른 어떤 것인가? 그리고 이야기 속에서 이 등장인물들은 어떤 관계를 맺고 있는가? 이런 것들에 대한 정보들을 알려 주면서 문제에 대한 대강의 밑그림을 그려 주는 역할을 한단다.

그 다음엔 정해진 순서에 따라 질문들이 주어지겠지. 여기서 꼭 명심해야 할 점은 상황을 설명하는 글에서 사용된 용어들은 네게 문제를 푸는 데 필요한 정보들을 주기 위해 정확히 골라서 뽑아 놓은 것들이라는 사실이야. 그러니까 하나의 정보를 얻을 때마다 너는 스스로에게 이런 질문을 해 봐야 할 거야. '왜 이런 말을 했을까?', '하고자 한 얘기가 뭐지?', '어떤 메시지를 주려고 한 거지?' 이 메시지를 해독하는 것이 바로 네가 문제를 푸는 데 가장 중요한 부분을 차지하게 될 거야. 그리고 이렇게 제공된 정보들은 원칙적으로 네가 문제를 푸는 데 꼭 필요한 딱 그만큼만이야. 무슨 말이냐 하면, 문제를 풀기 위해 너는 네가 얻은 정보들을 모두 다 사용해야 한다는 거지. 만일 혹시라도, 네가 가진 정보 중 몇 개를 아직 이용하지 않았는데도 문제가 다 풀렸다면? 그건 아마 네가 천재이기 때문이거나, 아니면 문제를 잘못 풀었기 때문일 거야.

'이등변삼각형 ABC가 있다'로 시작하는 문제가 하나 있다고 하자. 이 첫 문장에서 선생님이 보낸 메시지는 뭘까? 그건 쉽지? 이등변삼각형, 그러니까 두 변의 길이가 같고 두 각의 크기가 같은 삼각형이란 거야. 그럼 일단 너는 두 변과 두 각이 같은 크기

라는 정보를 얻은 거지. 이걸 네 머릿속 특별한 공책인 지식 쪽지에 적어 두는 거야. 선생님이 '이등변삼각형의 꼭짓점 A'라는 말을 덧붙인다면, 이 두 번째 메시지를 통해서 너는 AB와 AC 두 변의 길이가 같고, 각 B와 각 C의 크기가 같다는 사실을 알게 될 거고, 또 삼각형의 높이 AH는 삼각형을 둘로 나누는 중선이며 수직이등분선으로 이 삼각형의 대칭축을 이룬다는 사실도 알게 된 거야. 너는 이 정보들도 지식 쪽지에 덧붙여 놓아야지. 이제

이런 정보들이 네가 문제를 푸는 데 밑거름이 되는 거야.

이제 질문이 나오겠지? 질문이 나오는 순서도 아무렇게나 정해지는 게 아니야. 대체로 어떤 한 문제에 답을 하려면 그 앞에 나왔던 다른 문제의 답을 기억하고 있어야 할 거야. 그렇지만 어떤 때는 앞의 질문의 답을 모르더라도 풀 수 있는 별개의 질문이 나오는 경우도 있어.

문제를 풀려면 어떻게 해야 할까? 우선 네가 할 일은 문제에서 묻는 것과 네가 이미 아는 것을 비교해 보는 작업이야. 그러니까 너는 스스로에게 '내가 알고 있는 것을 어떻게 이용하면 이 질문에 대한 답을 찾을 수 있지?'라고 물어 보면서, 네가 아는 것에서 문제의 물음에 대한 답을 찾을 수 있도록 머리를 굴려 봐야겠지.

때로는 문제에 나오는 용어들을 수학식으로 바꿔 쓰는 일, 그러니까 어떤 대상의 이름을 그 대상에 대한 수학적인 정의로 옮겨 적어야 하는 일도 생길 거야.

문제를 풀 때는 수업 시간에 배운 모든 공식들, 그러니까 작년, 재작년 수업 시간에 배운 것들까지도 전부 동원해 봐야 해. 그렇다고 아무 공식이나 대충 이용할 수 있는 건 아니지. 질문에 딱 맞아떨어지는 공식을 찾아야 해. 문제에 적용되는 공식을 찾는 일, 그게 네가 해야 할 첫 번째 과제야. 적용한다는 건 무슨 뜻일까? 사전의 뜻풀이에 따르면 '알맞게 이용하거나 맞추어 쓰는 것'이라고 되어 있어.

기계 부품 두 개가 있다고 해 보자. 그중 하나는 네가 이미 갖고 있는 거고, 이제 거기에 딱 맞는 다른 부품을 찾아야 한다고 해 봐. 그러니까 네가 찾은 공식이 제대로 적용되는 것이라는 사실을 증명하는 일이 네가 풀어야 할 두 번째 과제이야. 그게 증명되면 이제 공식을 문제에 적용시키는 일이 남았어. 그 다음부터는 네가 아니라 그 공식이 문제를 푸는 거지. 공식을 적용한 결과가 나왔어. 그럼 그걸 네 머릿속 지식 쪽지에 또 넣어 두는 거야.

출발 상황이 보통 말, 그러니까 소설에서처럼 우리 일상어로 쓰인 경우라면 우선 거기서 무슨 이야기를 하고 있는지부터 이해해야겠지. 그러니까 이 이야기를 수학 언어로 바꿔 쓰는 일부터 시작해야 하는 거지. 그건 아주 손이 많이 가는 작업이고 또 가장 힘든 부분이기도 해. 왜냐하면 여기선 식을 이용해 뭔가가 저절로 풀리는 게 아니니까.

방정식, 도형, 수, 등식, 부등식, 함수, 이렇게 문제를 수학 언어로 바꿔 쓰는 일을 시작하면서 넌 이제 수학 세계 안으로 풍덩 빠지는 거지.

어떤 경우에는 다음 학년 수업에서나 풀 수 있을 만한 문제들이 출제될 수도 있어. 그러니까 네 수준에선 너무 어려운 공식을 증명해 보라고 할 수도 있다는 거지. 그렇지만 이럴 때는 분명히 적당한 질문들이 중간 중간에 끼어들어 있을 거야. 이 질문들 하나하나가 사실은 너무 힘들지 않게 위로 올라갈 수 있도록 너를 도와주는 계단 같은 거야."

"계단이요?"

"그래, 문제는 원래 계단 모양으로 구성된단다. 한 걸음에 결론까지 도착하게 하는 게 아니라 한 발 한 발 천천히 올라갈 수 있도록 도와주는 계단 말이야. 이 길을 따라가다 보면, 네가 지난해 수업 시간에 배웠던 것들도 무용지물이 아니라 유용하게 쓰일 수 있다는 걸 발견하기도 할걸? 문제를 낼 때는 항상 그 이전 학년들에서 배웠던 것들을 다 안다고 생각하니까."

"나쁜 문제도 있나요?"

"수학에서 좋은 문제는 뭘까? 모든 문제는 다 좋은 문제야. 좋은 가정과 좋은 질문으로 이루어진 것이면 좋은 문제지. 아주 가끔 어떤 가정들은 풍성한 열매를 맺지 못하는 것들이 있긴 해. 그럼 그 땅에서는 뭔가 흥미로운 것이 자라지 못하고 잡초만 무성해지겠지. 그러니까 어떤 것이 좋은 가정인지 그 냄새를 잘 맡는 수학자가 재능 있는 수학자라고 할 수 있어. 어떤 재료, 어떤 고기와 어떤 야채에 어떤 향신료를 넣고 요리해야 맛있고 근사한 음식이 만들어질지를 미리 느낄 줄 아는 것이 훌륭한 요리사인 것처럼 말이지."

"아빠! 아빠가 이렇게 훌륭한 수학 요리사였으면 그동안 좀 더 자주 수학에 관한 요리를 해 주지 그랬어요!"

"하하하, 그런가? 그래도 그렇게 말해 주니 좋구나. 자, 이제 우리 다른 요리들로 넘어가 볼까? 어떤 대상에 대한 문제를 풀 때는 그 대상이 가진 여러 성질뿐만 아니라 그 대상의 여러 모습들을 알고 있는 게 유용하단다."

"여러 모습들이란 게 무슨 말이죠?"

"예를 들어 직선은 도형의 세계에서는 하나의 선이야. 때에 따라서는 그 선 위의 두 점으로 정의되기도 하고, 평행하지 않은 두 면이 만나는 지점(모서리)으로 정의되기도 하고, 또 다른 여러 성질들로 정의될 수도 있는 거지. 또 대수학에서는 선을 $y=ax+b$라는 방정식으로 정의하잖아. 이런 여러 모습들을 이용하면 생각의 틀을 바꿀 수가 있어서 좋아. 그러니까 어떤 기하 문제들은 대수 형태로 풀면 더 쉽게 풀리기도 하거든. 네가 아는 대상들이 어떤 모습들로 공식화되어 있는지를 찾아 모아보는 것도 재미난 공부가 될 거야."

"어떤 대상이 가진 성질들은 문제를 푸는 데 열쇠가 될 수 있나요?"

"그럼, 로라야, 대상의 성질은 수학자들에게든 학생들에게든 만능열쇠의 역할을 한단다. 하나의 성질은 하나의 정보에 해당하지. 대상이 일반적인 성격의 것일수록 그 대상을 특징짓는 성질의 수가 적어지고, 그만큼 정보의 수도 줄어드는 거야. 그렇기 때문에 이런 대상들은 다루기가 쉽지 않지. 참고할 게 별로 없으니까. 그래서 문제를 낼 때나 공식을 세울 때는 주어진 대상에 여러 가지 성질들을 연결시켜 그 대상들을 더 구체화시키지.

예를 들어서, 문제를 낼 때도 일반삼각형에 관한 문제보다는 직각삼각형에 관한 문제를 낼 거야. 일반삼각형보다는 직각삼각형에 대해 할 이야기가 많거든. 일반삼각형에 해당하는 모든 사실들은 직각삼각형에 그대로 적용되니까. 그런데 그 반대는 아니

지! 즉, 직각삼각형에 해당하는 약속이 일반삼각형에도 적용되는 것은 아니라는 말이야.

문제지를 받으면, 바로 1번 질문에 고개를 박고 풀기 전에 우선 문제 전체를 한 번 읽어 보는 게 도움이 될 거야. 한 번에 모든 걸 다 이해하는 게 중요하다는 말이 아니야. 이렇게 문제를 쭉 읽다 보면 해결의 실마리가 되는 아이디어가 떠오르기도 하고, 또 어떤 질문은 다른 질문의 뜻을 더 확실히 밝혀 주는 구실을 하기도 하거든."

요즘 로라와 수학에 대해 많은 이야기를 나누고 있구나. 그치? 아빠는 참 행복해. 우리 딸과 이렇게 수학에 대해 묻고 답하면서 많은 생각을 나눌 수 있어서 말이다. 오늘은 너에게 추론에 대해 들려줄까 해.

'추론'이 무엇인지 생각해 봤니? 추론은 한자어인데, 한자로는 推論이라고 써. '추'는 쫓는다는 의미야. '추월'이라는 말을 들어봤지? 추월한다는 게 바로 누군가의 뒤를 따라가서 그 사람을 앞지른다는 뜻이잖아. 이처럼 '추'는 따른다, 따라간다, 뒤를 밟는다라는 의미로 쓰여. '론'은 설명한다는 뜻을 가진 한자야. 그래서 추론은 쫓아가면서 설명한다는 거란다. 수학적인 개념을 설명하기 위해 어떤 과정을 차근차근 밟아가며 설명한다는 것이지.

그런데 이렇게 설명해가는 과정에 억지가 있으면 될까? 안 되겠지? 그래서 추론을 할 때는 논리적으로 맞는지를 따져야 한단다. 무작정 설명하는 것이 아니라 논리적으로 모순이 없도록 설명해 나가는 것이지. '논리적'으로 설명해야 한다는 점에서 추론을 하는 것은 쉽지가 않단다. 수학적으로 원인과 결과를, 그 결과를 바탕으로 또 다른 결과를 설명할 수 있어야 하니까.

추론을 잘하기 위해서는 수학에서 배운 약속을 잘 기억하고 있어야 해. 어떤 추론이든 수학적 정의, 즉 약속에서 시작되기 때문이야. 추론에는 '가정'이라는 중요한 준비물이 필요해. 가정이란 결론에 앞서 논리적인 근거가 되도록 만든 조건이나 명제를 말해. 주로 가정은 수학적 약속에서 찾아내지. 가정을 통해서 어떤 새로운 결론을 만들어 내는 만큼 '가정 → 결론'의 과정을 추론이라고 하지. 추론은 가정에서 시작되기 때문에 가정이 참인지 거짓인지는 매우 중요한 부분이야. 가정이 거짓이면 아무리 좋은 결론이 있더라도 틀린 명제가 되기 때문이야.

음……, 네가 사람이라는 사실을 증명해 볼래? '나는 두 발로 걸어요', '나는 불을 사용해요', '나는 언어를 사용해요', '나는 도구를 사용해요' 그러므로 '나는 사람이에요'라고 말했다고 하자. 그렇다면 로라는 사람이라는 사실을 증명하기 위해 두 발로 걷는다, 불과 언어와 도구를 사

용한다는 사실을 근거로 내세웠어. 이 추론에는 가정이 있어. 바로 '두 발로 걷고 불과 언어, 도구를 사용하면 사람이에요!'라는 가정이지. 만약 두 발로 걷고, 불과 언어, 도구를 사용하는 동물에 소, 돼지, 말, 닭 등도 포함된다면 어떨까? 네가 사람이라는 추론은 옳지 않은 것이 되겠지? 이처럼 가정이 바로 서야 결론도 바로 설 수 있단다.

가정이 얼마나 중요한지 알겠니? 그래서 수학자들은 가정을 함부로 세우지 않아. 주로 이미 밝혀진 확실한 약속을 가정으로 세우지. 또 자신이 밝힌 추론에서 가정에 오류가 있진 않았는지를 따져보지. 만약 특정한 수에서는 그 가정이 성립하지 않는다면 반드시 예외의 경우를 단서로 붙여준단다. 음……, 예를 들어 $a=bc$가 $\frac{a}{b}=c$와 같다는 것을 증명하는 문제가 있다고 하자. 이때 필요한 가정은 무엇일까? 바로 '양변에 같은 수를 나누어도 등식은 성립한다'는 것이겠지? 그런 가정이 있기 때문에 너는 $a=bc$에서 양변을 b로 나눠줄 거야. 그런데 여기엔 반드시 붙여야 하는 단서가 있어. 그게 뭘까? b는 어떤 수인지 몰라. 즉 모든 수가 될 수도 있어. 모든 수로 다 나누기를 할 수 있었던가? 그렇지! 0으로는 나눌 수가 없다고 분명히 배웠었지? 그러므로 '하지만 b는

0이 아니에요!'라는 단서를 붙여줘야 한단다. 그렇게 추론을 하면 다음과 같겠지?

$a = bc$일 때, 양변이 b로 나눠지면 식은 $\frac{a}{b} = c$가 된다. (단, $b \neq 0$)

추론을 해 보니, 마치 탐정이 된 기분이지 않니? ^^ 자, 지금부터 로라 탐정과 추론에 대해 더 자세하게 이야기해 볼까?

반짝반짝 빛나는 수학보물찾기
추론

"증명이란 뭔가요?"

"증명은 가정이라는 출발점에서 결과, 결론이라는 도착점에 이르는 과정을 말하는 거야. '가정'과 '결론'을 가리키는 하이포세시스hypothesis와 콘크루젼conclusion이라는 단어에 이미 그런 뜻이 담겨 있단다. 어원을 따져 본다면 하이포hypo는 '아래에'라는 의미를, 세시스thesis는 '놓다, 두다'라는 의미를 가졌거든. 그러니까 하이포세시스hypothesis는 '상황을 아래에 내려놓는다'는 말이 되겠지? 또 결론을 뜻하는 콘크루젼conclusion은 라틴어 콘크루시오에서 온 말인데, 이건 문을 닫는 행위를 가리키는 말이야. 그러니까 증명을 끝맺는다는 말이 되겠지.

증명을 통해 결론으로 향해 가는 과정은 연속된 근거를 논리적으로 나열하는 것인데, 이 논리적인 근거를 논거라고 해. 이 논거들 하나하나는 앞선 논거의 결과이며 동시에 뒤따라오는 논거의 원인이 된단다. 그러니까 수학 시간은 논거, 결과, 정리 등으로 가득한 보물창고인 셈이고, 넌 거기서 네가 풀어야 할 문제들에 필요한 것들을 맘껏 끌어올리기만 하면 되는 거지! 그러니까 수업 시간에 공부하는 내용을 잘 이해하는 게 무엇보다도 중요하다는 말이야."

"증명이 왜 그렇게 중요해요? 아니 그러니까 제 말은 증명을 꼭 해야 하는 거예요?"

"증명은 수학에서 어떤 사실에 대해 증거를 내보이는 방법이라고 할 수 있어. 어떤 명제를 하나 내놓고 나면, 그게 언제가 되건간에 그 문제의 참 또는 거짓을 확인하기 위해 어떤 증거를 이용해서 그 명제가 참인지 거짓인지를 밝혀야 해. 여기서 증거란 사람들에게 동의를 얻어낼 수 있는 설득력 있는 논거를 말하는 거야. 증거를 찾는 문제는 인류 역사에서는 어느 순간에나 아주 중요한 문제였어. 또 어떤 영역에 관련된 문제인가에 따라 거기에서 받아들여질 수 있는 증거의 형태도 달라. 의학에서 말하는 증거와 법률에서의 증거가 다른 것처럼.

수학이라는 과목의 목표는 어떤 하나의 대상에 대해서만 다루는 것이 아니고, 같은 집단에 속하는 수없이 많은 대상 전부에 관련된 일반적인 진리를 밝혀 보여 주는 것이야. 물론 하나의 수치만을 가지고 어떤 결과를 확인하고 증명할 수 있다면 얼마나 좋겠어? 그렇지만 각각의 수치는 개별적인 것이라서 그 수치에 관련해서만 옳고 그름을 이야기할 수 있는 거지, 그걸 일반화시킬 수는 없는 거야.

어떤 하나의 수치나 기하학의 도형은 우리가 문제를 풀 때 해답이 대략 어떤 것인지 짐작할 수 있도록 해 주고, 무엇부터 어떻게 시작해야 할지 실마리를 풀어 주고, 또 증명을 세우는 데 도움이 되기는 하지만, 그 자체가 효력 있는 증거가 된다고 할 수는 없어. 그런데 어떤 수치의 예가 결과를 확인할 수 있게 해 주는 경우도 있긴 해. 부정적인 결과일 때 말이야. 어떤 개별적인 경우가 성립되지 않는다면 일반적인 경우에도 당연히 성립되지 않는 거니까. 이런 걸 반례라고 한단다. 개별적인 예를 통해 일반적인 사실을 밝힐 수 있는 유일한 경우라고 할 수 있지.

한편으로는 어떤 특정한 상황이 우리가 찾고자 하는 일반적 사실을 결정할 만한 힘을 가지진 못해. 또 다른 한편으로는 수학에서 증명하려는 결과에 관련된 수가 무수히 많기 때문에 그걸 하나하나 개별적으로 검토한다는 건 불가능하고 무모한 생각이기도 하지."

"그래서 어떻게 하자고요?"

"그래서 어떻게 하느냐? 뭔가 새로운 도구를 만들어야지. 그러니까 문제된 대상들 전체에 공통된 것만을 뽑아내어 이 대상들의 일반적 특성들을 살펴볼 수 있게 하는 장치가 바로 증명이란 거야. 그리스 사상가들이 만든 최고의 작품이라고 할 수 있지.

기원전 5세기경에 그리스인들은 당시 서양에 유례가 없던 새로운 정치 형태를 만들어 냈어. 그게 '데모크라시', 그러니까 민주주의였지. 데모크라시의 데모가 국민을 뜻하니까, 민주주의는 국민에 의한 정치를 말하는 거지. 이 정치제도를 통해 당시 사람들은 주권은 왕이나 군의 대장, 종교지도자, 신이 내려주는 것이 아니라, 바로 국민들 자신의 것이라는 사실을 널리 알리게 된 거지. 그리고 사회의 다른 여러 영역에서도 이전에 보지 못했던 실용적인 것들이 생겨나 자리 잡기 시작했어. 법률 영역에서는 공개적인 재판 과정이 진행되게 되었고, 이때 피고의 유죄 또는 무죄를 입증할 수 있는 증거, 그러니까 가능한 한 다른 사람들이 반박하지 못할 증거를 내보여야 했어. 사실을 설명하고 증명해야 했다는 말이지. 원고와 피고라고 불리는 양측으로 나뉘어 이렇게 서로 논거를 주고받으며 맞서게 된 거야.

수학 역시 이 시기에 비슷한 현상이 일어나 획기적으로 변화했어. 이제 수학 분야에서도 자기가 주장하는 바의 증거를 제시할 필요성, 근거를 설명해야 할 의무가 생긴 거야. 한 마디로 말해서, 증명을 하게 된 거지. 내가 이런 걸 발견했다고 말만 하는 걸로는 이제 더 이상 통하지 않고, 세상 사람들에게 그것이 왜 참인지 설명해야 할 필요성이 덧붙여진 거야. 특히 증명을 했다는 사실이 그리스 수학을 바빌로니아, 이집트, 중국 등의 수학과 구별해 주는 특징이야. 그리스 수학의 엄청난 위력도 사실 여기서 생겨난 거고. 우리가 학교와 대학에서 배우는 수학, 오늘날 세계 모든 수학자들이 하는 수학, 이 모든 것이 고대에 발명된 그리스 수학의 직계 후손이라고 할 수 있으니까 말이야. 그러니까 한마디로 증명이란 수학에서 사용하는 일정한 형식의 증거를 말하는 거야."

"그럼 그 전에는 어땠는데요?"

"그 전에는 그냥 얻어진 결과를 말하는 걸로 끝났지. 어떻게 그런 결과를 얻었는지는 말하지 않고 말이야."

"그럼 그때는 수학이 전혀 다른 모습이었겠네요?"

"물론 그렇지. 예를 들어 당시 중국 수학은 매우 앞서 있었지만 정리가 없었지. 중국 수학은 완전히 다른 방식으로 작용한 거지."

"그럼 최근까지도 정리란 것이 없었던 거예요?"

"천만에! 여기서도 그리스 사상가들이 또 한 번 혁신을 일으켰지. 수학적으로 증명된 '명제'라는 정리의 개념을 만들어 낸 거야. 정리는 두 부분으로 이루어진단다. 출발 상황을 설명해 주는 가정에서 시작해서 수학적 주장에 해당한다고 볼 수 있는 결론으로 끝나는 거지. 가정이 미리 정해 놓고 시작한 조건이라면, 결론은 증명을 통해 얻고자 하는 바, 즉 증명해 보이고자 하는 결과야. 그래서 정리란 말이 어디서 왔는지 아니? '명상'을 뜻하는 그리스어에서 온 거야."

"아, 그래서 수학자들이 그렇게들 공상에 빠져 있는 건가요?"

"대답을 바라고 하는 질문은 아니지?"

"예, 아니에요."

"그래, 봐 줘서 고맙구나!"

"에이~ 아빠는……."

"그러면, '정리'란 말은 어떻게 이해해야 할까? 정리에서 말하려는 것은 '이 가정이 증명되면, 그러니까 이 가정이 참이면, 그 결론도 참이다'라는 거야. 여기서 분명히 짚고 넘어가기로 하자. 다시 말하는데, 정리에서 말하는 것은 '이 결론이 참이다'라는 것이 아니라, '이 가정이 참이면 이 결론도 참이다.'라는 거야. 그러니까 정리에서는 결론만 따로 떼어내어 그것이 참이라고 하는 것이 아니라 가정과 결론의 한 세트에 대해 참이라고 말한다는 거지. 게다가 세상 어떤 것도 어디에서나 늘 참인 건 없단다."

"하지만 2+2=4는 늘 참인 걸요?"

"아니야, 2+2=4도 늘 참일 수는 없어. 예를 들어 삼진법에서는 2+2=4라고 쓸 수 없잖아. 삼진법에 4라는 숫자는 아예 존재하지도 않으니까. 삼진법에서는 0, 1, 2, 이렇게 세 숫자만 존재하잖아. 이진법에서는 두 개의 숫자만을, 십진법에서는 열 개의 숫자를 사용하는 것처럼 말이야. 삼진법에서 2+2=11이야. 2+2=1×3+1이니까 11이 되는 거지. 무슨 말인지 모르겠어? 십진법에서 11이라는 수가 가리키는 양은 뭐야? 십의 자리 수 하나 더하기 일의 자리 수 하나잖아. 삼진법에서 11은 삼의 자리 수 하나 더하기 일의 자리 수 하나, 그러니까 3+1이지."

로라가 멍하니 입을 벌리고 있다가 내뱉듯 말했다.

"2+2=4가 아니면 다 집어치워 버려야겠네 뭐!"

"어디서나 참인 것이 없다고 해서 모든 것이 어디서나 거짓이라는 건 아니야. 정리에는 언제나 증명, 그러니까 그 정리에서 주장하는 것이 사실이라는 증거가 따라오게 되어 있어.

말하자면 증명은 정리의 보증서라고 볼 수 있겠지. 수학에서는 어디서나 참인 것은 없다고 했지만, 일단 참인 것은 언제나 참인 거지.

하나의 정리가 증명이 되면, 그 정리는 일반인들의 영역으로 들어와서 모든 사람들이 공유하는 수학적 자산이 되는 거야. 모든 사람들이 그걸 이용할 수 있다는 말이지. 수학에서는 사적 소유권이라는 게 없어. 수학적 진리는 변하지 않고, 시간이 간다고 해도 닳아 없어지지 않지. 네가 하나의 정리를 얻게 되면, 그 정리는 영원히 유효한 보증서와 함께 네게 배달되는 거야. 인간 세상에서 그런 확실한 보증서를 가질 수 있는 분야는 수학 외엔 아무것도 없지."

"글쎄요, 그렇다고 해서 뭐 마음이 놓이는 건 아니에요. 영원히 참이라고요? 아세요? 그게 얼마나 끔찍한 이야기인지? 우리가 무슨 짓을 해도 수학적 진실은 바뀌지 않는다, 지금 그 얘기잖아요."

두 사람 다 입을 다물었다. 아빠는 자기가 방금 한 말이 어린 여자 아이…… 그러니까 자기 앞에 창창한 미래를 앞둔 딸에게 어떤 효과를 가져 오는지 금방 깨달을 수 있었다. 사실 아빠가 하고 싶었던 말은 수학이, 그러니까 수학도 역시 자유의 땅이라는 말이었다. 저명한 수학자 중 한 사람인 게오르그 칸토가 말했듯이 수학의 본질은 자유라는 얘기가 하고 싶었을 뿐이었다. 그러니까 수학적 진리 앞에서 졌다고 무릎 꿇어야 하는 것이 아니라, 그 진리들이 어떻게 발견되었는지, 그 진리들을 증명하는 것이 무엇인지, 수학적 진리들이 다른 진리들과 어떻게 연결되는지를 알아보면 좋을 거라는 이야기를 하고 싶었다. 그리고 아빠는 비록 만져지진 않지만, 그것에 의지해도 좋을 만큼 확실한 명제들이 세상에 존재한다는 것이 그리 기분 나쁜 일은 아닌 것 같다는 말을 하고 싶었다.

"그래! 인간이 기대고 쉴 수 있는 진리 말이야."

그래서 아빠는 자기도 모르게 이 마지막 문장을 입 밖으로 말해 버렸다.

로라가 바로 받아쳤다.

"저보고 정리에 기대 쉬라고요? 정리는 절 힘들게 뺑뺑이만 돌리는데요! 게다가 왜 정리를 달달 외워야 하는 거냐고요?"

"정리는 달달 외워야 하는 게 아니라 완전히 이해해야 하는 거야. 뒤에 숨은 뜻을

충분히 이해해야 한다는 거지. 정리가 해 주는 일이 있어. 정리는 한 수학 명제에서 다른 수학 명제로 바로 넘어가게 해 주는 일종의 운반 장치라고 볼 수 있어. 정리는 이렇게 외치고 있지. '가정을 가지게 되면, 결론

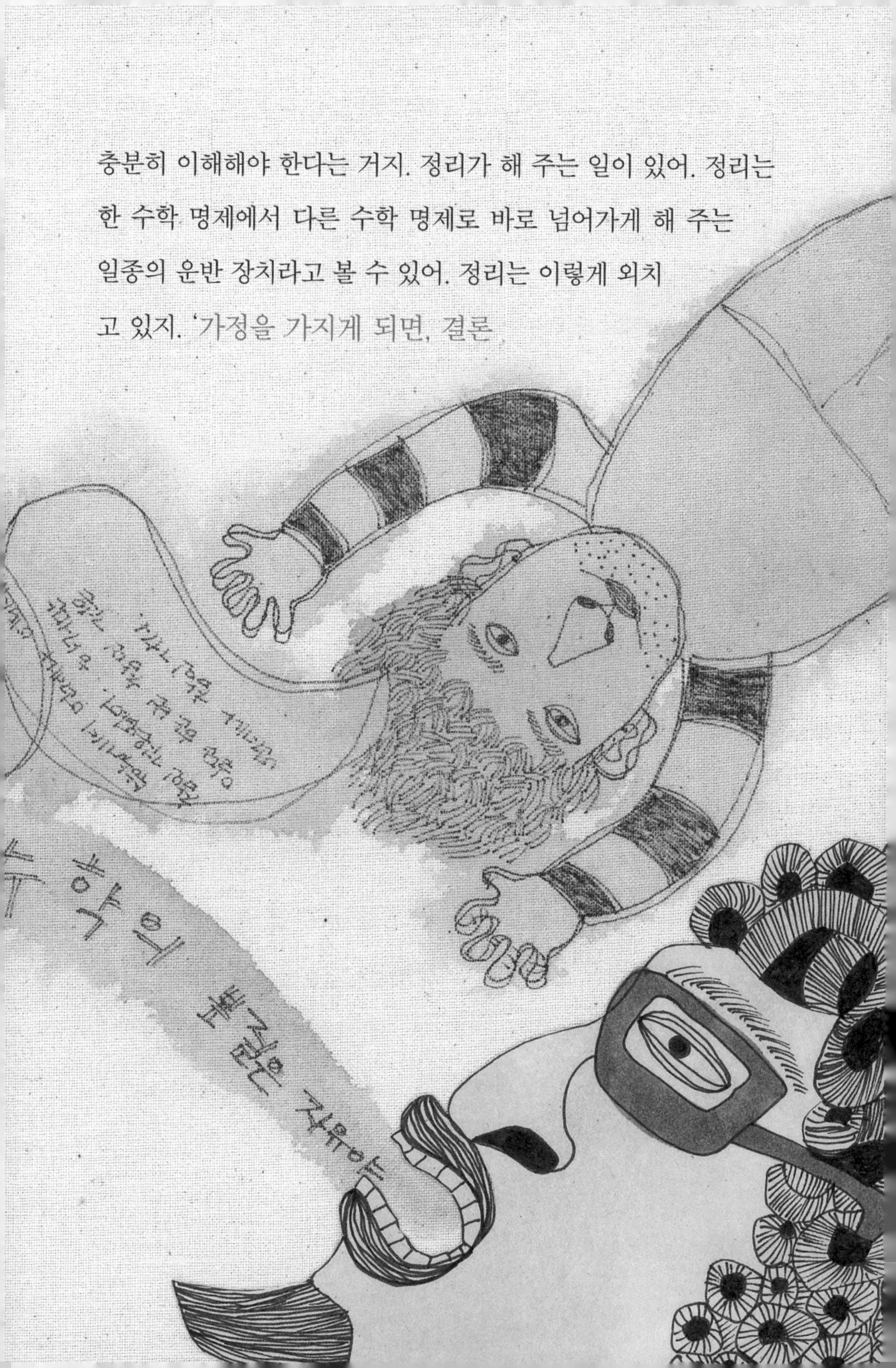

도 확실히 가지게 되는 거예요' 그런데 주의할 점이 있어. 완전히 이해해야 한다는 것은 단어 하나하나를 다 알고 있어야 한다는 뜻이야. 한 명제에 나타나는 모든 단어들은 꼭 필요한 것들이거든. 단어 하나를 빼먹거나 바꿔 쓰게 되면 모든 게 틀어져 버리지. 그럼 정리는 더 이상 정리가 아닌 게 되는 거야."

"그럼 정리가 거짓이 된다는 말이죠?"

"그렇게 말할 순 없어. 정리는 참인 명제를 말하는 거야. 그러니까 만일 정리가 거짓이라고 말하면, 그건 '거짓인 참인 명제'라고 말하는 게 되잖아. 말이 안 되는 거지. 물론, 수학의 역사에서 나중에 거짓임이 밝혀진 정리들도 있긴 하지."

"그 정리들도 증명된 거였잖아요?"

"그렇지. 그런데 증명이 잘못된 거였지. 물론 아주 드문 일이라는 걸 강조해야겠지만 말이야. 수학자가 가설을 세우면서 어떤 성질을 사용했는데, 그 성질은 자기가 사용하긴 했지만 아직 증명된 건 아니었다고 해 봐. 그 이야기를 잊고 안 했단 말이야. 그런데 그 수학자가 잘못 생각한 거였어! 하나의 정리가 세워지면, 그에 대한 책임은 양쪽에서 져야 해. 우선 그 정리를 만든 사람에게 책임이 있지만, 다른 한편으로는 그 정리의 타당성을 인정해 준 수학을 연구했던 모든 사람들에도 책임이 있는 거지. 이들은 자기들 사이에서 증명된 결과의 정확성에 대해 책임을 져야 하는 거야. 정리는 대학에 제출된 논문을 심사한 심사위원단의 승인이나 전문 학술지 편집위원회의 승인이 떨어진 후에야 비로소 바깥 세상에 나갈 수 있는 거거든.

피타고라스의 정리를 예로 들어 보자. 고대 이집트 사람들도 변의 길이가 3, 4, 5인 삼각형이 직각삼각형이라는 사실은 알고 있었던 것 같아. 그리고 피타고라스의 정리가 이 사실을 증명해 주었지. 그런데 $3^2+4^2=5^2$이라는 피타고라스의 정리는 변 길이가 (3, 4, 5)인 삼각형에 관한 것 그 이상이었어. 직각삼각형에서 빗변의 제곱은 나머지 두 변의 제곱의 합과 같다는 피타고라스의 정리는 변 길이가 (3, 4, 5)인 삼각형뿐만 아니라 모든 직각삼각형에 대해 참이니까. 그런데 더 정확히 말해서는 이건 2차원의 평면삼각형에서 그렇다는 얘기를 덧붙였어야 했어. 예를 들어 구면 삼각형에서 피타고라스의 정리는 거짓이니까.

요약해 본다면, 어떤 한 경우에 대해 사실임이 밝혀졌다고 해서 다른 모든 경우에 대해서도 그게 사실이라는 보장은 없다는 거지. 반대로 어떤 한 경우에 대해 사실이 아닌 것은 일반적인 경우에 있어 사실이 아닌 것이 되지. 이게 바로 추론에서 가장 자주 일어나는 오류 중 하나야."

"학생들이 자주 범하는 오류는 또 어떤 것들이 있나요?"

"너 오류라는 말이 어디서 왔는지 아니? 이건 라틴어로 여기저기 돌아다니다, 그러니까 길을 잃는다는 뜻의 단어에서 유래했단다. 그러니까 네가 오류를 범한다는 것은 네가 증명을 하다가 참인 길을 벗어나 길을 잃게 된다는 말이지.

오류의 종류는 많고 그 성질도 다양해. 어떤 것들은 특정한 분야에 관련된 것들도 있고, 또 어떤 것들은 표기법이나 잘못 만들어진 문장 같은 것도 있지, 앞에서 얘기한 거 기억하고 있지? 또 분야에 상관없이 추론상에서 일어나는 오류도 있어. 그러니까 논리상의 실수라고 해야겠지."

"그런데 참, 논리학이 뭐예요?"

"사고의 법칙을 연구하는 학문이라고 할 수 있을 거야."

"모든 사고가 다 논리적이라고요? 그러면 시인들도 논리적이겠네요?"

"그래, 네가 한 점 이겼다. 내가 잘못 말했구나. 논리학은 합리적 사고에 관련된 분야라고 말해야겠구나. 아테네의 대철학자 아리스토텔레스가 논리학의 시초라고 볼 수 있지. 논리학은 처음에는 철학의 일부였지만, 지금은 수학의 한 분야를 이루고 있어. 논리적 사고를 지배하는 절대원칙은 모순율이야. 모순율이란 어떤 명제와 그 명제의 부정이 동시에 참일 수는 없다는 것인데, '이러하다. 그리고 동시에 이러하지도 않다'라는 건 논리적 사고가 아니라는 거지. '나는 여자이면서 여자가 아니다'라는 말이 성립할 수 없는 것처럼. 그러므로 '$2+2=4$이다'라는 명제는 있을 수 있으나 '$2+2=4$이면서 $2+2\neq4$가 아니다'라는 명제는 존재할 수 없어. 또 '두 직선이 서로 만나면서 동시에 평행하다'라거나 '홀수이거나 동시에 2로 나누어 질 수 있는 수'라는 건 있을 수 없다는 거지.

그럼 논리학의 두 번째 법칙은 뭘까? 배중률이야. 배중률은 한자로 아니다 배, 가운데 중을 써. 즉 가운데가 있을 경우는 없다는 뜻이지. 따라서 배중률은 어떤 하나의 명제는 참이거나 거짓이지, 그 중간 그러니까 제3의 경우는 있을 수 없다는 거야. 어떤 명제 A와 그에 대한 부정 명제 not A가 있으면, A나 not A, 이 둘 중 하나는 반드시 참이라는 거지. 만일 not A가 참이면 A는 거짓이야. 또 만일 not A가 거짓이면 A는 참이 되는 거지. 이건 명제 A를 증명할 때는 늘 두 가지 방법을 사용할 수 있다는 사실을 말해 주는 것이기도 해. 그러니까 직접적인 방법으로 A가 참이라는 사실을 증명할 수도 있고, 또 한편 간접적인 방법으로 not A가 거짓이라는 사실을 증명할 수도 있다는 거지. 둘 중 어떤 것을 선택할지는 상황에 따라 네가 결정하는 거고. 그런데 경우에 따라서는 문제에서 주어진 전제들이 간접적인 방법으로 문제를 풀 수밖에 없도록 결정되어져 있는 때도 있긴 해."

"논리학은 고등학교에 가면 배우나요?"

"그래, 고등학교 3학년 때나 가야 배우지. 좀 더 빨리 배우면 좋을 텐데 말이야. 철학이랑 같이 고등학교 1학년부터 가르쳐도 될 텐데."

"수학과 철학은 서로 연관되어 있는 거죠? 그런데 수업 시간엔 전혀 그런 생각이 안 들어요."

"원래 수학과 과학은 밀접하게 연결되어 있어. 위대한 수학자들 중 많은 사람들이 철학자였고, 또 위대한 철학자들 중 많은 사람들이 수학자였으니까. 우리가 앞에서 얘기했던 사람들만 해도 데카르트, 라이프니츠, 피타고라스가 모두 철학자이자 수학자였지. 수업 시간에 두 학문 사이의 연관성이 전혀 얘기되지 않는 것은 교육 과정을 제대로 못 만든 탓이라고 봐. 이 얘기는 안 했으면 좋겠는데. 그래도 듣고 싶어?"

"물론이죠! 해 주세요."

"학교에서는 기본 개념에 대해 충분히 가르치지를 않아. 제대로 이해하게 하려면 더 많은 시간이 필요한데 말이야. 기본 개념들을 이해시키는 데 가장 중점을 두어야 앞으로 나갈 수 있는데 그걸 제대로 다루기에는 시간이 부족한 프로그램으로 수학에 대한 이해도가 떨어지게 되지. 게다가 수학에서 가장 흥미로운 부분이 이 기본 개념 부분인데 말이야."

"기본 개념에는 어떤 것들이 있는데요?"

"지금까지 줄곧 그 얘기만 했잖아! 생각, 의미, 수학 언어, 추론, 증명, 정리, 등호 표시, 조건명제, 뭐 이런 거 말이야. 그래, 그러고 보니 조건명제에 대해 이야기를 안 했구나. 이 얘기도 해?"

"그럼요, 물론 해 주셔야죠."

"네가 갑자기 알고 싶은 게 많아져서 아빠 너무 기분이 좋네."

"아빠가 수학 요리의 달인이라는 걸 알고부터 궁금한 게 많아졌어요."

"그러면 약한 불에서 살살 끓여서 쫄깃쫄깃 맛있게 만든 조건명제 요리 한 접시 우리 딸한테 줄까?"

"우와! 기대돼요."

"논리학자들은 '함의한다'라는 말과 논리적으로 함의한다는 뜻을 표시하는 기호인 '⇒'를 만들었어. 함의한다는 것은, 명제 상호 간에 존재하는 관계의 하나로, 명제 P가 참이면 반드시 명제 Q도 참이 되는 경우, P가 Q에 대하여 가지는 관계를 말해. 또한

'⇒' 기호는 수나 기하학적 대상 등에 대해서는 사용되지 않고, 명제, 그러니까 명제의 진리를 이야기할 때만 사용되는 거야. 그래서 흔히 논리학 기호로 분류되어 있지. 다시 말해서 조건명제 '$P \Rightarrow Q$란 P이면 Q이다'라고 읽히고, 만일 P가 참이면 Q도 참이라는 뜻을 가지지. 그러니까 논리적 추론에 의해 P로부터 Q를 이끌어 낼 수 있다는 말이 되는 거야.

함의관계와 등가관계는 수학에서 가장 중요한 개념이야. 다른 모든 추론을 만들고 끌어내는 데 있어서 바탕을 이루는 관계들이거든. 그래서 덧셈 기호인 +나 평행 관계를 표시하는 기호인 //는 수학 세계의 일부 특정 영역에서만 사용되는 반면에, 등호 표시 =와 함의관계를 표시하는 ⇒는 수학의 모든 영역에서 두루 사용되고 있는 거지."

"아빠! 면이 너무 딱딱해서 씹어 넘기기 힘들어요. 이 겹화살표 말이에요. 다시 설명해 주세요."

"조건명제 $P \Rightarrow Q$에는 두 개의 명제가 들어 있어. 각 명제는 참일 수도 거짓일 수도 있겠지? 그러니까 네 가지 경우가 가능해지는 거야."

"네 가지 경우라고요? 거짓이 참을 함의할 수도 있나요?"

"그럴 수 있지. 이상하게 들리겠지만 거짓은 참이나 거짓이나 둘 다를 함의할 수 있어. 1=3이라고 해 보자. 이건 분명 거짓 명제야. 이 등식의 양변에 2를 더해 보는 거야. 그러면 1+2=3+2, 그러니까 3=5가 되겠지. 여전히 거짓이야. 거짓이 거짓을 함의하는 경우야. 자, 1=3인데 이제 등호의 좌변에는 3을, 우변에는 1을 더한다고 해 보자. 1+3=3+1이 되지? 이건 참인 명제야. 거짓이 참을 함의하는 경우지."

"이거 참! 거짓이 참을 함의하고, 2+2는 4가 아니고, 정신을 차릴 수 없는 날이네, 오늘!"

아빠가 로라의 말을 고쳐 주었다.

"'2+2는 4가 아니다'가 아니고 '2+2가 늘 4인 것은 아니다'라고 해야지. 그런데 아직 한 가지 상황에 대해 얘길 안 했어. 참이 거짓을 함의하는 경우 말이야. 참에서 출발해서 올바른 추론의 과정을 거쳤는데 그 결과가 거짓이다, 이건 받아들이기 어려운 상황이야. 만일 그렇다면 모든 게 우르르 무너지니까. 그래서 그리스 사상가들은 '참에서는 거짓이 나올 수 없다'라고 말했어. 이건 추론의 기본 틀이자 확신이지. 따라서 '참에서 시작해서 바르게 추론하면 그 결과도 여전히 참이다'라는 원칙이 생겨나는 거지. 그러니까 이 경우엔 거짓으로 빠질 염려가 전혀 없다는 거야. 이런 확신이 없다면 어떻게 추론을 하겠어? 수학자들이 결론을 끌어내는 작업은 결국 참인 명제를 찾아내고 또 그 참인 명제에서 다른 참인 명제를 끌어내는 것, 그러니까 연역하는 데 있는데 말이야. 그래서 참인 명제의 저장고는 점점 더 가득 차게 되는 거지."

"그러면 연역한다는 건 무슨 뜻이에요?"

"라틴어로 '뽑아내다'는 말에서 유래했어."

로라가 손뼉을 치며 말했다.

"아빠가 또 어원 얘기할 줄 알았다니까요! 그래도 이해하기 쉬운 건 사실이에요."

그러나 곧 로라가 조용히 생각에 잠겼다. 아빠도 그런 딸을 가만 지켜보았다.

"그러니까 연역한다는 건 뽑아내는 거라는 거죠? 한 문장에서 다른 문장을 뽑아내는 거니까, 새로운 문장을 탄생시키는 거네."

로라가 활짝 웃으며 말했다. 그리고는 손뼉을 쳤다.

"수학계의 산파 로라를 소개합니다!"

"그건 또 무슨 말이니?"

"제가 아빠 말을 이해했다는 거죠. 뭐! 그러면 연역한다는 건 필요조건, 충분조건과도 관련이 있는 거예요?"

"제대로 이해했구나! 우리 일상생활에서도 '…하는 것으로 충분하다', '…하는 것이 필요하다', '…해야 한다' 이런 표현들을 자주 듣게 되지? 그러면 '눈이 오려면 날씨가 추울 필요가 있다'는 건 무슨 말일까?"

"춥지 않으면 눈도 안 온다는 소리죠."

"그렇다고 추우니까 눈이 온다는 건 진실이 아니잖아."

"그래요, 사실 날씨가 춥다고 꼭 눈이 오는 건 아니니까요."

"그럼 '날이 밝으려면 태양이 빛나는 것으로 충분하다'는 건 무슨 뜻일까?"

"태양이 빛나면 날이 밝았다는 게 분명하잖아요."

"그렇지만 날이 밝았으니 태양이 빛난다고 할 수는 없지."

"그래요, 사실 날이 밝았는데도 태양이 구름에 가려 안 보이는 일도 있으니까요."

"우리는 정말 환상의 짝꿍 부녀구나! 우리 로라 최고다! 그럼, Q와 P라는 두 단언이……."

"단언이 뭐죠? 명제랑 어떻게 다른 건가요?"

"명제란 잘 만들어진 문장으로 어떤 의미를 표현하고 있지만, 그 표현된 사실의 진실성에 대해서는 판단되지 않은 문장을 말하지. 반면에 명제 중에서 참이라고 판단된 명제를 단언이라고 한단다. 그러니까, Q와 P라는 두 단언이 있다고 하자. P가 참이면 Q도 반드시 참이 되는 경우에 우리는 Q를 P의 필요조건이 된다고 해. 예를 들어 보자. 'D는 평행사변형이다'라는 단언 Q는 'D는 마름모꼴이다'라는 단언 P의 필요조건이야. 그러니까 'D는 마름모꼴이다 $\Rightarrow D$는 평행사변형이다'라고 쓸 수 있지. 자, 여기서 주의할 점이 있는데……."

"그런데 마름모 중에는, 그러니까 제가 말하려는 건……."

"말하려는 건?"

"그러니까 마름모 중에는 평행사변형이 아닌 게 절대 없어요. 그렇지만 평행사변형 중에는 마름모가 아닌 게 있잖아요."

"그래서 충분조건이 안 되는 거지! 잘 따라오고 있으니 다음 걸로 넘어가기가 쉬운걸! 그러니까 Q가 참이면 당연히 P가 참이 되는 경우, 이때 우리는 Q는 P를 갖기 위한 충분조건이 된다고 하는 거야. 'D는 정사각형이다'라는 말은 'D는 평행사변형이다'라는 말을 만족시키기 위한 충분조건이 되는 거지."

"정사각형이기만 하면 무조건 평행사변형이니까요. 달리 말하면 모든 정사각형은 평행사변형이기도 한 거죠. 그렇지만 이건 필요조건은 아닌 것 같아요. 왜냐하면 D가 직사각형일 때도 마찬가지로 참이니까요."

"그러니까 'D는 정사각형이다 $\Rightarrow D$는 평행사변형이다'라고 쓰는 거지. 그 다음엔 뭐라고 해야 하나? 그래, 필수적인 경우가 있어. 필수적이라는 건 필요조건이면서 동시에 충분조건이 되는 경우를 말하는 거지. 수학자들이 아주 좋아하는 경우야. 이때는 쌍방향 화살표 기호를 써. $P \Leftrightarrow Q$를 뭐라고 읽을까? 'P가 참이면 Q도 참이고, Q가 참이면 P도 참이다' 그러니까 이 경우에 P와 Q는 둘 다 참이거나, 둘 다 거짓이어야 하는 거지. 이렇게 쌍방향으로 성립하는 명제를 동치명제라고 해. 수학자들은 이런 동치명제들을 찾는 데 열심이지. 왜냐하면 하나의 명제를 얻으면 다른 명제도 얻는 거니까. 동치명제는 때로 'P는 Q가 참일 때, 오직 Q가 참일 때만 참이다'라고 읽히기도 한단다."

필요조건, 충분조건, 필요충분조건의 정의

(1) $P \Rightarrow Q$일 때,
즉 P가 참이면 Q가 참일 경우,
P는 Q이기 위한 충분조건
Q는 P이기 위한 필요조건

(2) $P \Leftrightarrow Q$일 때,
즉 P가 참이면 Q가 참이고,
Q가 참이면 P가 참일 경우,
P는 Q이기 위한 필요충분조건
Q는 P이기 위한 필요충분조건,
이때 P와 Q는 동치명제라고 한다.

"선생님은 만날 '공식을 알고 있어야 합니다'라는 말만 하세요."

"내 생각에 공식은 일종의 계산식, 그러니까 기호들만 사용해 간략하게 만든 표기 체계라고 할 수 있을 것 같아. 또 일종의 전산용 프로그램이라고도 볼 수 있지. 그래서 공식들은 그대로 컴퓨터상에 프로그램화될 수 있는 거야.

대부분의 학생들은 공식을 마치 자기가 지고 다녀야 할 무거운 짐덩이라고 생각하는 것 같지만, 사실은 말이야, 그건 너희 학생들을 위한 진짜 멋진 선물이란다. 어떤 거라도 괜찮으니까 문제를 하나 골라서 공식을 이용하지 말고 한 번 풀어 봐. 쉬운 일이 아닐 거야. 넌 아마도 '아빠, 제발 부탁이에요. 공식 좀 알려 주세요'라고 사정하게 될걸!"

"그러면 아빠는 뭐라고 대답하실 거예요?"

"그러면 나는 반짝반짝 여러 가지 빛으로 빛나는 공식들이 가득한 보물 상자를 열어 네게 내밀며 말하겠지. '자, 여기 있어.'"

"그럼 우리들은 이미 정리된 공식을 이용할 수 있으니 운이 좋은 건가요?"

"그렇다고 할 수 있지. 원래 공식은 의학에서 사용되었던 거야. 환자들에게 약을 처방할 때 따르던 규칙이 공식의 시작이었다고 볼 수 있어. 이 규칙을 따르지 않고 약을 쓰면 사고가 발생할 수 있었거든. 수학 공식도 마찬가지야. 모든 공식에는 그 공식이 어떤 상황에 맞게 만들어졌고, 어떤 경우에 적용해야 하는지가 분명히 밝혀져 있어야 해.

너희들이 풀어야 할 문제는 대체로 공식이 존재하는 영역에 관련된 것들이야. 우선 수업 시간에 배운 여러 공식들 중 그 문제에 적합한 공식을 골라야겠지. 그 다음엔 문제의 조건과 선택한 공식의 조건이 정확히 일치하는지를 확인해야 해. 확인 절차가 끝나면 이제 공식을 적용해서 공식의 문자 하나하나에 문제에 나타난 해당 요소를 대입하기만 하면 돼. 그리고 나면 공식 혼자서 줄줄 모든 걸 다 해결해 주는 거지!!!

대부분의 사람들이 수학식이 공식이라고 생각하는 것 같은데, 그건 잘못 생각하는 거야. 공식이란 수학식과 상황 설명, 그러니까 이 공식이 유효하게 적용되는 조건들에 대한 소개를 더불어 말하는 거야. '$x=\frac{(-b\pm\sqrt{b^2-4ac})}{2a}$', 이건 공식이 아니야. 공식은 다음과 같은 것을 말해."

하나의 미지수를 가진 2차 방정식 $ax^2+bx+c=0$이 있다. 만일 $b2-4ac>0$이면 이 방정식은 $x_1=\frac{(-b+\sqrt{b^2-4ac})}{2a}$ 와

$x_2 = \frac{(-b - \sqrt{b^2 - 4ac})}{2a}$ 의 두 해를 가진다.

설명을 듣던 로라가 손을 번쩍 들었다.

"아빠, 아빠는 개인적으로 수학이 쉬워요, 아님 어려워요?"

"절대로 쉽진 않지."

"'에게~! 로라야, 이거 쉬운 거야, 넌 분명히 해낼 수 있어.' 제가 이런 말을 얼마나 귀 아프게 들었는데요! 그래서 전 쉬운데, 그런데 내가 못하는 건 결국은 내가 머리가 나빠서 그런 거라고 생각했는데 아닌가요?"

"와! 그거 대단한 연역인데! 그런데 그게 아니야. 난 그렇게 얘기한 적 없어. 아빠는 '그래 어려워. 그렇지만 넌 할 수 있을 거야'라고 말했잖아."

"어쨌거나 결국, 누구든 수학을 좋아하지 않을 권리는 있는 거잖아요."

"이 세상 누구도 다른 사람에게 어떤 것을 또는 그 누구를 좋아하라고 강요할 순 없어. 좋아하는 감정은 강요해서 되는 게 아니야. 그렇지만 좋아하지 않던 것을 좋아하는 법을 배울 수는 있지."

"전혀 좋아하지 않았던 것을요?"

"해 봐서 손해 볼 건 없잖아. 그래, 누구에게든 수학을 좋아하지 않을 권리는 있지. 그렇지만 수학을 싫어한다는 게 뭐 대단히 자랑스러운 권리도 아니잖아. 오히려 수학을 좋아하지 않는다고 단정적으로 이야기하기 전에 먼저 조금이라도 알아보려고 노력하는 게 더 좋은 일 아닐까? 할머니가 늘 나한테 그러셨었지. 싫다고 하기 전에 한 입만 먹어 보라니까."

"아빠, 그럼 지금까지 저에게 수학을 맛보여 주는 거였나요?"

"아마도 어쩌면 그런 거겠지! 그런데 아직 끝난 게 아니야. 맛봐야 할 부분들이 아직 많이 남았거든."

"아직 끝난 게 아니라고요? 난 아까부터 계속 수학에서 중요한 건 다 이야기했다고, 이제 더 이상 남은 게 없다고 생각하고 있었는데요?"

"너 이런 질문을 물리학이나 생물학, 지리학에서도 할 수 있니? 아니지? 많은 수학자들이 새로운 결과들과 새로운 이론들을 내놓고 새로운 질문들과 문제들을 제기하고 있어. 매일같이 아니 매 시간 여러 개의 새로운 정리들이 증명되고 있단 말이야. 물론, 모두가 다 매우 흥미로운 것들이라고는 할 수 없어도 지금까지 증명되지 않았던 결과들을 내놓고 있지.

2500년 전부터 세계 모든 문화권에서 수학자들은 끊임없이 배출되어 왔어. 매 시대마다 수학자들에게는 그때까지 해결되지 않은 채 남아 있던 이전 시대의 질문들과 새로운 시대의 수학에 연관된 새로운 질문들이라는 두 종류의 질문들이 제기되었지. 전 세대 수학자들이 풀지 못했던 문제들이 후 세대 수학자들에 의해 풀린 것들도 있어. 왜냐하면 후 세대 수학자들은 전 세대 수학자들이 가지지 못했던 새로운 도구와 새로 성립된 결과들, 새로 만들어진 이론들을 이용할 수 있었으니까. 또 삼각법, 확률론, 해석기하학, 통계학 등과 같은 새로운 분야들도 만들어졌지.

수학의 세계를 끊임없이 채우는 또 다른 과정으로 새로운 대상의 탄생을 들 수도 있지. 그러니까 어떤 한 수학자가 어떤 대상의 집합을 연구하기로 했다고 해 보자. 이 수학자는 연구를 위한 도구들이 필요하겠지? 자신이 가진 도구들만으로는 충분치 않다면 그는 새로운 도구를 만들어 내게 되겠지. 그러면 문제의 그 도구들은 다시 수학적 연구 대상이 되는 거야. 그래서 그 수학자는 이 도구들에 대해 연구를 시작하게 되겠지. 이 연구에서는 또 다른 도구가 필요하게 될 거야. 그러면 다시 새로운 도구가 만들어지고, 그 새로운 도구는 또 다른 연구의 대상이 되고…… 이렇게 수학이라는 큰 강물은 마를 새 없이 흐르고 있는 거지."

"그러니까 아빠 생각에는 미래의 아이들도 더 이상 새로운 수학은 없다는 희망을 가질 수 없을 거라는 거죠?"

"아마 그런 기대는 안 하는 게 낫겠지!"

"그러면 수학적 머리는요?"

"수학적 머리라니?"

"특별한 수학적 머리를 가진 사람을 본 적이 있으세요?"

"로라야! 세상에는 수학에 재능이 있는 사람도 있고, 피아노를 엄청 잘 치는 사람도 있고, 그림에 신적 재능을 가진 사람도 있고, 또 달리기를 놀랍게 잘 하는 사람도 있어. 그렇지만 나는 '음악적 머리'라든가 '미술적 머리', '육상적 머리'라는 말은 들어 본 적이 없어."

"그러면 왜 수학에 대해서만 유독 머리라는 말을 쓰는 건가요?"

"1800년대에 프란츠 갈이라는 이름의 어떤 해부의학자가 두개골 위에 돋은 혹 하나에 관심을 가지고는, 아무 증거 없이 이 혹이 수학 분야에서의 뛰어난 재능과 관계되는 것으로 보인다고 발표했어. 프란츠 갈의 이런 판단을 뒷받침해줄 만한 거라곤 아무것도 없었는데 말이야. 그런데 그 사실이 사람들 기억에 남아 전해지게 된 거야.

이 사건 이후 수학을 잘 하지 못하는 많은 사람들에게 그들이 수학을 못하는 건 자신들 머리에 이 수학적 재능에 관계되는 혹이 없기 때문이라는 핑계거리를 만들어 주는 셈이 되었지. 혹이 없으니 어쩔 수 없다든지. 그런데 최근의 연구에 따르자면, 사칙 연산의 경우에만도 덧셈에 관여하는 뇌의 특별한 부분은 여기, 곱셈에 관여하는 부분은 저기, 모든 게 서로 다른 영역에 부분적으로 나누어져 있다는 거야."

아빠가 하던 말을 중단했다.

"휴우! 깜빡 잊어버릴 뻔했네. 대우명제의 함의관계가 어떻게 될까? 좀 전에 우리 'D는 정사각형이다 ⇒ D는 평행사변형이다'와 같은 충분조건에 대해 얘기했었지. 그런데 이게 대우명제가 될 경우에는 어떻게 될 것 같니, 로라야?"

"어떻게 될지 꼭 생각해 봐야 하는 거예요?"

아빠의 끈질긴 시선을 피하지 못하고 결국 로라가 입을 열었다.

"제 생각에는 'D는 정사각형이 아니다 ⇒ D는 평행사변형이 아니다' 뭐 이렇게 되는 거 아닐까요? 그렇지만 아빠가 이렇게 묻는 걸 보면, 이게 답은 아닐 것 같기도 해요."

"자, 그럼 한 번 볼까? 만일 D가 정사각형이 아니라면, D는 예를 들어 평행사변형일 수도 있어. 그렇다면 조금 전 네가 한 대로 해 보면, 'D는 평행사변형이다 ⇒ D는 평행사변형이 아니다', 이렇게 되네?"

"정말 말도 안 되네요, 진짜!"

"그런데, 방금 너는 가장 일반적인 오류 중에 하나를 범한 거야. 긍정명제에서 대우명제로 바뀔 때는 함의관계의 방향을 바꾸어야 하는 거야. 그러니까, 만일 $P \Rightarrow Q$의 경우라면, 대우명제에서는 $(\sim P) \Rightarrow (\sim Q)$가 아니고, 화살표의 방향을 바꾸어 $(\sim Q) \Rightarrow (\sim P)$ 가 되어야 하는 거야($\sim P$: P가 아니다. $\sim Q$: Q가 아니다)."

"참이 아닌 모든 것은 거짓이다. 이건 너무 단순화한 거예요. 끓는 물과 차가운 물 사이에는 미지근한 물이 있는 것처럼, 참과 거짓 사이에는 중간 상태인……."

"'2009년 6월 8일 오늘 현재, 로라의 양손 손가락 수는 열한 개로 많아졌다'라는 명제는 거짓이야. 반만 거짓인 게 아니지. 수학에서 말하는 문장은 거짓이거나 참이거나 이 두 가지 경우만이 가능해. 아마 분명 너무 단순화한 것일 수도 있어. 그렇지만 인생에서 이런 경우의 명제들은 수없이 많지."

"그러면 예를 들어 '그 사람은 반쯤 죽은 상태였다' 이런 문장은 어때요?"

"반쯤 죽은 상태라는 건 살아 있다는 말이지. 안타까운 일이지만 죽었을 때는 반쯤 죽는다는 게 불가능한 거지."

로라가 생각에 잠겼다.

"수학에서는 주장하는 모든 것이 증명되어야만 하나요?"

"수학에서는 '내가 말하려는 바는 이거야', '이건 명백한 거야', '날 믿어 봐', 뭐 이런 표현은 금지되어 있어. 명백해 보이는 것도 가끔은 거짓일 수 있어. 그리고 거짓인 것 같았던 것이 참일 경우도 있고. 수학에서 참인 것은 우리 생활에서도 참이지."

"그러면 수학에는 신뢰라는 게 없는 건가요."

"사실 수학에선 미리 먼저 믿는다는 건 있을 수 없어. 모든 명제는 일단 증명이 된 후에야 비로소 받아들여지는 거지. 그러나 일단 받아들여진 것에 대해서는 절대적인 신뢰가 보장되는 거야. 사람들을 신뢰하는 것이 아니라 그들이 만든 것을 전적으로 신뢰하는 거지."

"이런 말 되는 건지 모르겠지만, 수학은 엄격하기가 군대 같아요."

"'카키색 군복을 입은 수학'이라, 그럴 듯한걸! 그런데 군대와 그다지 비슷하지 않은, 아니 오히려 군대와는 정반대되는 한 가지 사실이 있어. 수학에서 단언이 참인 이유는 뭘까? 그건 대장이나 왕, 사제, 지배자 등 힘 있는 그 누가 그 말을 했기 때문이 아니야. 가장 권력이 있는 '내가' 그 말을 했기 때문이 아닌 거지. 그 단언이 참인 이유는 그에 대한 증거를 댈 수 있기 때문에 그리고 누구든 스스로 그 타당성을 확인할 수 있으니까 참인 거지."

로라가 수긍하는 표정으로 고개를 끄덕였다.

"수학에서만 엄격함이 문제가 돼요. 프랑스어나 지리나 물리에서는 그런 거 없는데!"

"그럼 넌 시에는 엄격함이 없다고 생각하니? 시라는 게 단어들을 아무렇게나 나열해서 되는 게 아니잖아? 시에선 음악성, 행의 길이, 소리의 조화 등이 엄격히 지켜져야 하는 거야. 엄격함이 수학에만 있다고 생각하는 건 잘못된 거야. 모든 분야에는 그 나름의 엄격함이 존재하는 거야. 그보단 오히려 수학에서는 엄격함이 다른 분야에 비해 창조적 기능을 한다고 말해야 할 거야. 이게 무슨 말이냐 하면, 수학에서는 어떤 한 질문을 엄격하게 다루다 보면 불명확한 상태에서는 보이지 않았던 새로운 사실들을 발견할 수 있게 된다는 거지. 그러니까 수학이 가지는 힘, 수학이 가지는 매력의 대부분은 이처럼 대상을 정의하고, 결과를 정리하고, 증명을 세우는 데 있어 요구되는 엄격함에서 생겨난다고 볼 수 있을 거야. 이런 엄격성 때문에 마음이 불편하여 수학을 좋아하지 않을 수는 있지."

"그래서요?"

"그래서 사람들이 수학을 싫어하게 되는 거겠지."

"수학은 어디다 쓰죠?"

"사랑, 그건 어디다 쓰는데?"

"아빠 설마 지금 사랑과 수학을 비교하는 거예요?"

"뭔가 중요하다는 건 반드시 무슨 '쓸모'가 있어야만 하는 거니? 쓸모 있는 게 뭐지?"

"그렇지만 내가 사랑이나 우정을 배우려고 학교에 다니는 건 아니잖아요."

"뭔가를 배우려고?"

"그러니까 완벽히 배워 알려고요."

"뭘 배워서 알려고 하는데?"

"제게 소용이 되는 어떤 것이요."

"그런데 로라야, 네가 배우고, 알고, 제대로 이해하고 싶은 게 도대체 뭘까?"

로라가 기어들어가는 목소리로 대답했다.

"그 문제에 대해 생각해 볼 참이에요. 이제 제가 물을 차례예요. 아빠, 저는요, 아빠는 대체 수학에서 어떤 것을 좋아할 수 있는지, 그게 너무너무 궁금해요."

"왜 그냥 쉽게 수학에서 내가 좋아하는 것이라고 하지 않고 내가 좋아할 수 있는 것이라고 묻는 거지? 정말 그게 알고 싶어?"

"예, 그렇다니까요."

"섬세함, 엄격함, 효율성, 정확성, 멋진 추론, 숨겨진 깜짝 선물, 아름다움,…… 이런 거야."

"아름다움이라니요?"

"그래, 수학엔 분명 아름다움이 존재하지. 증명 중 어떤 것은 엉망이고 흉하지만, 어떤 것들은 정말 우아하다고 할 만큼 멋지거든."

"적어도 지금 분명한 건 말이죠, 우린 완전히 반대예요. 그러니까 ……."

"그러니까 뭐?"

"지름을 그은 것처럼 딱 반대라고요."

" 그게 무슨 의미지?"

"이렇게 서로 정반대일 수는 없다는 말이에요."

"봐라! 네가 말을 할 때도 수학이 쓰이는 거!"

로라는 감동스러운 눈으로 아빠를 바라보며 말했다.

"아빠랑 이렇게 많은 시간을 함께 보내기는 처음인 것 같아요. 아빠가 나랑 지금까지 그다지 많이 놀아주지 않은 것이 원망스러울 뿐이네요."

"어떤 일도 너무 늦은 법은 없어, 로라야. 이제 시작하면 되는 거지."

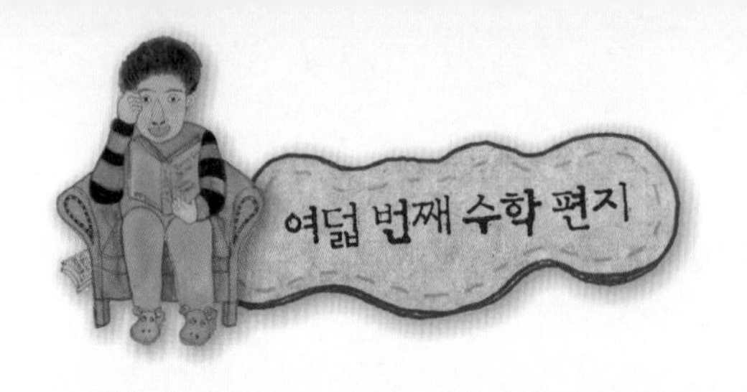

벌써 너에게 쓰는 마지막 편지구나. 그동안 함께 수학에 대해 이야기하며 우린 서로에 대해 알지 못한 점을 알게 되었고, 수학에 대한 서로의 솔직한 생각을 들을 수 있었던 것 같구나.

아빠 친구들을 만나면 주로 정치 이야기나 경제 이야기를 해. 넌 친구들과 놀이나 게임기 등에 대해 이야기를 하겠지? 그렇게 관심 분야가 서로 다른 우리가 같은 주제에 대하여 이렇게 긴 이야기를 나눠 본 것도 이번이 처음인 것 같구나. 아빠는 로라와 함께 이야기하면서 로라에게 많은 것을 가르치고 있다고 생각했지만, 사실은 아빠도 참 많은 것을 얻었던 것 같아. 미처 아빠가 가지지 못했던 로라의 의문과 질문들을 들으며 함께 고민했고, 그런 로라의 고민을 해결해 주기 위해 더 많은 수학 공부를 할 수 있었구나. 역시, 사람은 대화를 통해서 자신이 알지 못했던 것을 깨달아 가는 것 같다.

로라야, 수학은 쉬운 학문일까, 어려운 학문일까? 분명 복잡한 내용도 많고 꼬인 문제도 많긴 하지. 하지만 그렇다고 해서 무턱대고 어렵기만 한 것은 아니야. 처음 볼 때엔 어려워도 차근차근 순서를 밟아가면서 해결하다 보면 엉킨 실타래들이 조금씩 풀리니깐 말이야. 마치 우리들의 인생처럼…….

우리의 인생도 그래. 때론 모든 것이 명쾌하고 이해도 쉽지. 그래서 속상할 일도 없고, 머리 아플 일도 없어. 하지만 한번 꼬이기 시작하면 끝이 보이지 않을 만큼 꼬이고, 나를 옭아매고 괴롭히기도 하지. 하지만 그렇다고 해서 사는 것을 포기하는 사람은 없어. '하늘이 무너져도 솟아날 구멍은 있다'는 마음으로, '이 세상에 해결 못할 일이 어디 있어!'라고 외쳐대며 용기 있게 살고 있지. 네가 수학을 생각하는 것도 인생을 사는 것만 같았으면 좋겠다. 모르는 것이 있다고 하여, 해결 못하는 문제가 있다고 하여 겁먹지 말고 자연스럽게 그런 상황을 받아들여 볼래? 네가 해결하지 못한다는

건 머리가 나빠서가 아니야. 단지 그 문제를 해결하는 데 필요한 약속을 모르거나 아직 그 문제와 관련된 개념을 이해할 만큼의 지식을 얻지 못한 것일 뿐이야. 실제로 어릴 땐 이해되지 않던 일들이 점점 커가면서 이해되듯이, 지금은 풀리지 않던 수학 문제들도 내년, 후 내년에는 풀 수 있기도 하단다. 수학도 인생처럼 시간이 지나고 경험이 쌓이면서 이해의 영역이 더 커지는 학문이거든. 그래서 아빤 너에게 포기하지 말라고 말하고 싶구나.

수학은 만물을 담고 있어. 수, 도형, 추론 등 모든 것이 우리가 사는 세계에서 그 원리를 발견하고 정리한 것이야. 수학은 그냥 처음부터 존재한 것이 아니라, 우리가 살고 있는 세상에서 우리와 같은 사람들이 만들어 낸 학문이야. 그래서 수학은 만물의 이치를 담고 있지. 네가 만약 수학을 포기한다면, 만물에 대해 즉 우주에 대해 알아가는 것을 포기한다는 것이야. 그건 옳지 않아. 우리가 이 세상에 태어난 이상, 우리는 이 세상에 대해 알아가야 하는 의무를 가진 셈이거든.

항상 탐구하는 자세, 기다리는 자세를 가지고 차근차근 배워가길 바란다. 그렇게 너의 지식이 쌓이고 경험이 넓어지다 보면 언젠가는 수학 속에 담겨진 우주, 수학을 하면서 행복해하는 너의 모습도 발견할 수 있을 거라고 믿는다. 로라가 수학을 통해서 최종적으로 느껴야 할 것은 '난 수학을 잘해. 이번 시험에서 100점을 받을 거야!'하는 사소한 자신감이 아니야. '수학은 정말 즐겁구나. 내 맘을 즐겁게 하는 수학은 정말 멋져. 아름다워!', '수학 속엔 이 세상의 모든 원리가 숨겨져 있구나. 신비롭다. 정말!'하는 감탄일 거야.

잊지 마! 수학은 인간이 만든 가장 수준 높고 가장 재밌는 놀이라는 사실을.

옮긴이의 말

“난 정말 안 되는데, 어쩌란 말이야!”

초등학교 2학년에 다니는 딸아이가 고등학생 오빠에게 원망스럽게 던진 한 마디입니다.

저에겐 열 살 터울의 두 아이가 있습니다. 프랑스 유학 시절 정신없이 키운 큰아이는 한글을 제대로 읽고 쓰지도 못하는 상태에서 한국의 초등학교 2학년 2학기를 시작해야 했습니다. 그래서인지 어려서부터 국어 시간보다는 수학 시간을 좋아했습니다. 돌이켜 보면, 아마도 우리말이 서툴렀던 당시, 그래도 ‘수학이라는 언어’만큼은 다른 아이들처럼 편안했기 때문이 아니었나 싶습니다. 큰아이는 그 후로 쭉 수학을 제법 잘 하는 아이라는 이야기를 들으며 학교를 다녔습니다. 철없는 엄마는 그걸 당연한 일인 듯 자만했습니다.

그런데 딸아이가 초등학교에 입학하면서부터 엄마는 많이 겸손해져야 했습니다. 특히 2학년이 되면서부터 아이가 가져오는 수학 시험지는 늘 60점 언저리를 맴돌고 있습니다. 그날도 딸아이는 내 귀에 대고 살짝, 수학 시험에서 65점을 받았노라고 고백하는 중이었습니다. 이야기를 엿들은 오빠가 장난스럽게 동생을 놀렸습니다. 아! 그 순간 딸아이의 표정이 어두워지면서 어깨가 축 처졌습니다.

초등학교 2학년, 이제 막 덧셈과 뺄셈의 원리를 공부하기 시작한 아이가 무슨 이유로 자신을 '정말 안 되는 아이'라고 못 박는 걸까 두려워지기 시작했습니다. 수학 문제를 푸는 건 지루하고, 어렵고, 피곤하다고 풀죽어 말하는 꼬맹이에게 뭘 어디서부터 어떻게 해 주어야 할지 고민스러웠습니다.

그러던 중 우연한 기회로 이 책의 번역을 접하고는 제목만 보고 대뜸 하겠노라고 대답했습니다. 내가 잘 할 수 있을까라는 두려움이 있었지만, 그래도 나와 내 딸아이를 위해 꼭 해야 할 일이라는 절실함을 느꼈습니다. 수학 시간을 감옥에 비유하는 딸 로라 앞에서 당황하는 아빠 레이의 마음을 함께 느끼면서, 내게 닥칠 몇 년 후의 일들을 준비하는 마음으로 로라와 레이의 대화 하나하나를 힘이 닿는 한 쉽고 재미있게 옮겨 보려고 노력했습니다.

이 책은 초등학교 고학년, 또는 중학교에 다니는 아이들을 위한 '철학적 수학 이야기'입니다. 이 책을 읽으면서 아이들은 자신들이 수학 시간에 배우는 기호와 개념, 정리의 근원이 어디인지를 이해하고 고개를 끄덕일 것입니다. 이 책은 또 자신의 아이가 수학에 더 흥미를 느끼기를 원하는 초등학생과 중학생 부모님들께도 좋은 참고서가 될 수 있으리라 생각됩니다. 이 책을 읽는 부모님들은 수학자 레이의 안내를 받으며 아이들이 가려워하는 곳이 어디인지를 미리 알고 준비할 수 있을 테니까요.

수학 시간을 감옥이라고 표현하던 로라가 수의 역사를 이해하고, 기하학과 대수학의 세계로 빠져 들어가는 것처럼 언젠가는 내 딸 아이도 눈을 반짝거리며 엄마가 정성 들여 번역한 이 책을 읽어 주기를 바라는 마음 간절합니다.

좋은 책을 번역할 기회를 주시고, 느린 걸음을 불평 한 마디 없이 따뜻하게 격려해 주신 모든 분들께 진심으로 감사의 마음을 전합니다. 그리고 어깨 너머로 엄마의 원고를 훑어보며 용어를 바로 잡아주고 조언해 준 아들 상민이, 컴퓨터 앞에 매달려 숙제도 못 도와주는 엄마를 잘 참아준 딸 정민이, 미안하고, 고맙다. 사랑한다.

2009년 6월 한선혜